高等职业教育精品课程"十二五"规划教材

电工电子基础实训

（第2版）

主　编　傅贵兴

副主编　曾　鹏

U0352775

西南交通大学出版社

·成都·

内 容 提 要

本书共分为 9 章,第 1 章介绍电工基本操作;第 2 章介绍常用电工仪器仪表;第 3 章介绍常用元器件的识别与选择;第 4 章为常用电气线路安装实训;第 5 章为晶闸管电路实训;第 6 章为基本电子电路安装实训;第 7 章为异步电动机拆装与检修实训;第 8 章介绍单、三相变压器;第 9 章讲述用电常识。本书图文并茂,内容精练,实用性强。

本书可作为机电类高职高专学生、非电类工科生的教材,也可作为成人教育、企业职工技术培训及自学用书。

图书在版编目(CIP)数据

电工电子基础实训 / 傅贵兴主编. —2 版. —成都:西南交通大学出版社,2013.3
高等职业教育精品课程"十二五"规划教材
ISBN 978-7-5643-2203-8

Ⅰ. ①电… Ⅱ. ①傅… Ⅲ. ①电工技术−高等职业教育−教材②电子技术−高等职业教育−教材 Ⅳ. ①TM②TN

中国版本图书馆 CIP 数据核字(2013)第 030545 号

高等职业教育精品课程"十二五"规划教材

电工电子基础实训

(第 2 版)

主编 傅贵兴

*

责任编辑 李芳芳
特邀编辑 李庞峰
封面设计 本格设计

西南交通大学出版社出版发行
成都二环路北一段 111 号 邮政编码:610031 发行部电话:028-87600564
http://press.swjtu.edu.cn
四川森林印务有限责任公司印刷

*

成品尺寸:170 mm × 230 mm   印张:13.75
字数:245 千字
2009 年 3 月第 1 版   2013 年 3 月第 2 版   2013 年 3 月第 3 次印刷
ISBN 978-7-5643-2203-8
定价:26.00 元

第二版前言

本书在第一版的基础上根据企业电气设备发展趋势和企业对技术人员的需求作了一些改编，符合现代企业生产对职业人员的岗位能力要求，并按教育部新制定的高等职业教育培养目标和规格的有关文件精神及电工电子技术课程的教学基本要求而编写的。

本书编写保持了第一版的特色，按实训基本能力要求、能力提高训练进行，安排上根据读者的认知规律由浅入深、由易到难，逐级推进，坚持必须、够用原则，采用讲练结合，以技能操作为主，体现职业教育特点。

本书修订版为了能使读者系统地学习应用电工电子知识和技能，新增了第8章单、三相变压器和第9章用电常识，其他章节也进行了必要的增减，仍然按模块方式进行编写，便于组织教学，除电工基本操作、常用电工仪器仪表、常用元器件识别与选择基础模块外，其余模块独立成章，教学时可根据不同的教学情况进行取舍。

电工电子基础实训修订版仍按高职教育以能力为本位，就业为导向的指导思想，内容选取上贴近生产设备和生活用品，以典型的、常用的、具有以点带面作用的内容为框架，将技能训练与兴趣培养有机结合。因此，本书在内容安排与选择上紧密结合生产、生活实际，有助于学生学以致用、触类旁通。

为了使学生在实训之后便于消化吸收，本书在章节后还安排了适量的思考题。在有的实训项目后面还给出了考核项目和评分依据，便于掌握学生的学习情况和技能程度。

本书是《电工电子基础》的配套教材，以技能培养为主，强调学生的动手能力。内容通俗易理解，有些知识点学生可以通过自学完成，方便学习。

参加本书修订版编写的有曾鹏、郑骊、傅贵兴、陈洪容、胡蓉、王洪、张瑞丽。由傅贵兴任主编，曾鹏任副主编，全书由傅贵兴统稿。

本书由王甫茂担任主审，在编写过程中企业专家喻曹宾对本书也提出了宝贵的意见，同时也得到了各参编人员所在院校的大力支持，在此一并表示感谢。

限于编者水平，书中遗漏和不足之处，恳请广大读者批评指正。

编　者

2012 年 12 月

第一版前言

本书是根据企业生产对职业人员的岗位能力要求，并按教育部新制定的高等职业教育培养目标和规格的有关文件精神及电工电子技术课程的教学基本要求而编写的。

本书编写按实训基本能力要求、能力提高训练进行，安排上由浅入深、由易到难，逐级推进，坚持必须、够用原则，采用讲练结合，以技能操作为主，体现职业教育特点。

本书按模块方式进行编写，便于组织教学，除电工基本操作、常用电工仪器仪表、常用元器件识别与选择基础模块外，其余模块独立成章，教学时可根据不同的教学情况进行取舍。

电工电子基础实训在内容选取上力求少而精，将技能训练与兴趣培养有机结合，因此本书在内容安排与选择上紧密结合生产、生活实际，有助于学生学以致用，触类旁通。

为了使学生在实训之后便于消化吸收，本书在各章后还安排了适量的思考题。在有的实训项目后面还给出了考核项目和评分依据，便于掌握学生的学习情况和技能程度。

本书是《电工电子基础》的配套教材，以技能培养为主，强调学生的动手能力。有些知识点学生可以通过自学完成。

参加本书编写的有曾鹏、郑骊、傅贵兴。由傅贵兴任主编，全书由傅贵兴统稿。

本书由王甫茂担任主审，在编写过程中企业专家喻曹宾对本书也提出了宝贵的意见，同时也得到了各参编人员所在院校的大力支持，在此一并表示感谢。

限于编者水平，书中遗漏和不足之处，恳请广大读者批评指正。

编　者
2009 年 2 月

目 录

第1章 电工基本操作

1.1 常用电工工具的使用方法

【技能目标】

（1）熟悉电工工具名称、用途；

（2）掌握电工工具的使用方法和维护；

（3）了解电工工具使用中的注意事项。

【实训器材】

电笔；起子；钢丝钳；尖嘴钳；断线钳；剥线钳；电工刀；活络扳手；冲击钻；导线若干。

1.1.1 实训内容

1. 验电器

验电器是检验导线和电气设备是否带电的一种常用工具。日常用的有钢笔式和螺丝刀式低压验电器，又称测电笔，简称电笔，其结构如图 1.1 所示。

（a）钢笔式　　　　　　　　　　　（b）螺丝刀式

图 1.1　低压验电器结构

使用方法：按照图 1.2 所示的正确方法握笔，使用时手指接触电笔尾部的金属体，使氖管小窗背光朝向自己。

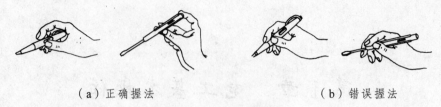

（a）正确握法　　　　　　　　　　（b）错误握法

图 1.2　验电器使用

使用注意事项：

① 使用前应在确定有电源处测试，确认验电器良好方可使用。

② 使用时，应使验电器逐渐靠近被测物体，直至氖管发亮；只有在氖管不发亮时，才可与被测物体直接接触。

③ 低压验电器检测电压的范围为 60 ~ 500 V。

生产实训内容：

① 区别相线与零线。在交流电路中，当验电器触及导线时，氖管发亮的即是相线，正常情况下，零线是不会使氖管发亮的。

② 识别相线碰壳。用验电器触及电机、变压器等电气设备外壳，若氖管发亮，则说明该设备相线有碰壳现象。如果壳体上有良好的接地装置，氖管是不会发亮的。

③ 识别相线接地。用验电器触及三相三线制星形接法的交流电路时，有两根比通常稍亮，而另一根的亮度较暗，说明较暗的相线有接地现象，但不太严重。如果两根相线很亮，而另一根不亮，则这一相有接地现象。

2. 螺钉旋具

螺钉旋具又称旋凿或起子，它是一种紧固或拆卸螺钉的工具。螺钉旋具的式样和规格很多，按头部形状不同可分为一字形和十字形两种。

电工通常必备的一字形螺钉旋具是 50 mm 和 150 mm 两种。

十字形螺钉旋具专供紧固或拆卸十字槽的螺钉，常用的规格有 4 个，Ⅰ号适用于直径为 2 ~ 2.5 mm 的螺钉，Ⅱ号适用于直径为 3 ~ 5 mm 的螺钉，Ⅲ号适用于直径为 6 ~ 8 mm 的螺钉，Ⅳ号适用于直径为 10 ~ 12 mm 的螺钉。

使用注意事项：

① 电工不可使用金属杆直通柄顶的螺钉旋具，否则使用时很容易造成触电事故。

② 使用螺钉旋具紧固或拆卸带电的螺钉时，手不得触及螺丝刀的金属杆，以免发生触电事故。

③ 为了避免螺钉旋具的金属杆触及皮肤或邻近带电体,应在金属杆上穿套绝缘管。

生产实训内容:

① 大螺钉旋具的使用。大螺钉旋具一般用来紧固较大的螺钉。使用时,除大拇指、食指和中指要夹住握柄外,手掌还要顶住柄的末端,这样可防止旋转时螺钉旋具滑脱。

② 小螺钉旋具的使用。小螺钉旋具一般用来紧固电气装置接线桩头上的小螺钉,使用时,可用大拇指和中指夹着握柄,用食指顶住柄的末端捻旋。

③ 较长螺钉旋具的使用。可用右手压紧并转动手柄,左手握住螺钉旋具的中间部分,以使螺丝刀不致滑脱,此时左手不得放在螺钉的周围,以免螺丝刀滑出时将手划破。

④ 螺钉旋具旋紧木螺钉的练习。分别用 50 mm,150 mm 螺钉旋具在木配电板上作旋紧木螺钉的练习。

3. 钢丝钳

钢丝钳又叫平口钳。电工钢丝钳由钳头和钳柄两部分组成,钳头由钳口、齿口、刀口、铡口四部分组成,如图 1.3(a)所示。钳口用来弯铰或钳夹导线线头;齿口用来紧固或起松螺母;刀口用来剪切导线或剖削导线绝缘层;铡口用来铡切电线线芯、钢丝或铅丝等较硬金属。

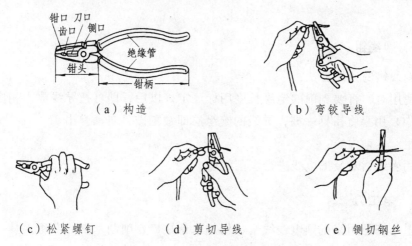

（a）构造　　　　　　　　（b）弯铰导线

（c）松紧螺钉　　　（d）剪切导线　　　（e）铡切钢丝

图 1.3　电工钢丝钳的构造和使用

使用注意事项:

① 使用电工钢丝钳之前,应检查绝缘柄的绝缘是否完好,如果损坏,进

行带电操作时会发生触电事故。

② 用钢丝钳剪切带电导线时，不得用刀口同时剪切相线和零线，或同时剪切两根相线，以免发生短路故障。

生产实训内容：

① 按图 1.3（b）方法做弯铰导线练习。

② 按图 1.3（d）方法做剪切导线练习。

③ 按图 1.3（e）方法做铡切钢丝练习。

4. 尖嘴钳

尖嘴钳的主要用途有：

① 刀口部能剪断细小金属丝。

② 尖嘴钳能夹持较小螺钉、垫圈、导线等元件。

③ 尖嘴钳能将单股导线弯成一定圆弧的接线端子。

生产实训内容：

将直径为 1～2 mm 的单股导线弯成一定圆弧的接线端子。

5. 断线钳

断线钳又称斜口钳，是专供剪断较粗的金属丝、线材及电线电缆时使用的。

6. 剥线钳

剥线钳的使用方法：

使用时，将要剥削的绝缘长度用标尺定好以后，即可把导线放入相应的刀口中，用手将钳柄一握，导线的绝缘层即被割破且自动弹出。

生产实训内容：

用剥线钳对废旧电线进行剥削练习。

7. 电工刀

电工刀是用来剖削电线线头、切割木台缺口、削制木楔的专用工具。

电工刀的使用方法：

使用时，应将刀口朝外剖削。剖削导线绝缘层时，应使刀面与导线成较小的锐角，以免割伤导线芯。

使用注意事项:

① 使用电工刀时应注意避免伤手。

② 电工刀用毕,应随即将刀身折进刀柄。

③ 电工刀刀柄是无绝缘保护的,不能在带电导线或器材上剖削,以免触电。

生产实训内容:

用电工刀对废旧塑料单芯硬线做剖削练习(要求:逐渐做到不剖伤芯线)。

8. 活络扳手

活络扳手又称活络扳头,是用来紧固和起松螺母的一种专用工具。

活络扳手的使用方法及注意事项:

① 扳动大螺母时,需用较大力矩,手应握在柄端处。

② 扳动较小螺母时,需用力矩不大,但螺母过小易造成扳唇打滑,故手应握在接近头部的地方,可随时调节蜗轮,收紧活络扳唇,防止打滑。

③ 活络扳手不可反用,以免损坏活络扳唇,也不可用钢管接长手柄来施加较大的扳拧力矩。

④ 活络扳手不得当作撬棒或手锤使用。

生产实训内容:

用活络扳手在螺母上做旋紧或旋松训练。

9. 冲击钻

冲击钻的主要用途:

① 作为普通电钻用。用时把调节开关调到标记为"钻"的位置,即可作电钻使用。

② 作为冲击钻用。用时把调节开关调到标记为"锤"的位置,即可用来冲打砌块和砖墙等木楔孔和导线的穿墙孔,通常可冲打直径为 6～16 mm 的圆孔。

生产实训内容:

① 冲击钻作普通电钻练习。

② 冲击钻作冲打废砖墙练习和冲打水泥墙练习。

1.1.2　考　核

根据所学内容,将电工工具知识记于表 1.1 中。

表 1.1　电工工具考核表

工具名称	规格型号	基本构造	使用方法摘要	得分	备注

1.2　导线的连接与绝缘的恢复

【技能目标】

（1）学会用电工刀或钢丝钳来剖削导线的绝缘层；

（2）掌握单股导线的直接连接、T 字分支连接；

（3）掌握多股导线的直接连接、T 字分支连接；

（4）掌握导线绝缘层的恢复。

【实训器材】

钢丝钳；尖嘴钳；断线钳；剥线钳；电工刀；单股和多股导线若干；黄蜡带；涤纶薄膜带和黑胶带。

1.2.1　实训内容

1. 导线线头绝缘层的剖削

（1）塑料硬线绝缘层的剖削。

芯线截面为 4 mm^2 及以下的塑料硬线，一般用钢丝钳进行剖削。方法如下：

① 用左手捏住电线，根据线头所需长度，用钢丝钳口切割绝缘层，但不可切入芯线。

② 用右手握住钢丝钳头部用力向外勒去塑料绝缘层，如图 1.4 所示。

③ 剖削出的芯线应保持完整无损，如损伤较大，则应重新剖削。

图 1.4　用钢丝钳剖削塑料硬线绝缘层

芯线截面大于 4 mm² 的塑料硬线，可用电工刀来剖削绝缘层。方法如下：

① 用电工刀以 45°倾斜角切入塑料层但不可切入芯线，接着刀面与芯线保持 15°角左右，用力向线端推削。

② 削去上面一层塑料绝缘，将下面的塑料绝缘层向后扳翻，用电工刀齐根切去，如图 1.5 所示。

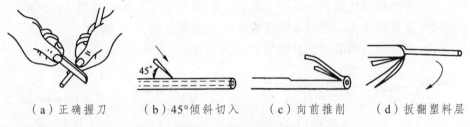

（a）正确握刀　　（b）45°倾斜切入　　（c）向前推削　　（d）扳翻塑料层

图 1.5　用电工刀剖削塑料硬线绝缘层

（2）塑料软线绝缘层的剖削。

塑料软线绝缘层只能用剥线钳或钢丝钳剖削，不可用电工刀剖削，其剖削方法同钢丝钳剖削法。

（3）塑料护套线绝缘层的剖削。

塑料护套线绝缘层必须用电工刀来剖削，其剖削方法如图 1.6 所示。

① 按所需长度用电工刀刀尖对准芯线在缝隙间划开护套层。

② 剥削护套层，露出芯线。

③ 在距离护套层约 10 mm 处，用电工刀以 45°角倾斜切入绝缘层，其剖削方法同塑料硬线剖削法。

（a）用刀尖在线缝隙间划开护套层　　（b）扳翻护套层并齐根切去

图 1.6　电工刀剖削塑料护套线绝缘层

（4）生产实训：

① 用电工刀作剖削废塑料硬线、塑料护套线绝缘层练习。

② 用钢丝钳作剖削塑料硬线和塑料软线绝缘层练习。

（5）注意事项：

① 用电工刀剖削时，刀口应向外，并注意安全，以防伤手。

② 用电工刀或钢丝钳剖削导线绝缘层时，不得损伤芯线。若损伤较多，则应重新剖削。

2. 导线的连接

（1）单股铝芯导线的直接连接，如图 1.7 所示。

① 将两根导线头的绝缘层去除后，作 X 形相交，互相绞绕 1 ~ 2 圈。

② 扳直两线头，将每个线头在芯线上紧贴并绕 6 ~ 8 圈。

③ 剪去余下的芯线，并钳平芯线的末端。

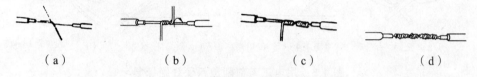

（a）　　　　　　（b）　　　　　　（c）　　　　　　（d）

图 1.7　单股铝芯导线的直接连接

（2）单股铝芯导线的 T 字分支连接：

① 将支路芯线的线头与干线十字相交，使支路芯线根部留出约 3 ~ 5 mm，然后按顺时针方向缠绕支路芯线，缠绕 6 ~ 8 圈后，用钢丝钳切去余下的芯线，并钳平芯线末端。

② 较小截面（≤6 mm²）芯线可按如图 1.8 所示方法环绕成结状，再把支路芯线线头抽紧扳直，紧密地缠绕 6 ~ 8 圈，剪去多余芯线，钳平切口毛刺。

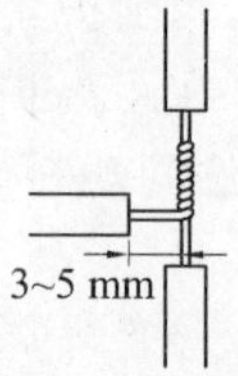

（3）7 股铝芯导线的直接连接：

① 将线头绝缘层削除，将裸露的芯线在距绝缘层的 1/3 处绞紧，其余长度线头散开形成伞骨状，并将每股芯线拉直，如图 1.9（a）所示。

② 将两线头对叉后顺芯线向两边捏平，如图 1.9（b），（c）所示。

3~5 mm

图 1.8　单股铝芯导线 T 字分支连接

③ 在一端的 7 股芯线按 2，2，3 股分成三组，接着把第一组的 2 股芯线扳起，垂直于芯线并按顺时针方向缠绕两圈后，弯成直角，贴紧芯线，如图 1.9（d），（e）所示。

④ 再拿出第二组的 2 股芯线如前法缠绕，如图 1.9（f）所示。

⑤ 将第三组的 3 股芯线扳直，按顺时针方向密绕至线头根部。切去每组多余的芯线，钳平线端，如图 1.9（g），（h）所示。

⑥ 另一端重复上述过程绕成。

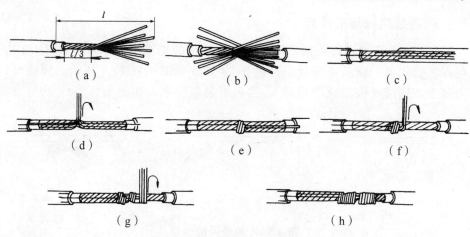

图 1.9　7 股铝芯导线的直接连接

（4）7 股铝芯导线的 T 字分支连接：

如图 1.10 所示，线头去绝缘层后，将靠近绝缘层的 1/8 处根部绞紧，其余芯线分散成两组。一组 4 股芯线插入干线中间，另一组 3 股芯线在干线一边按顺时针紧紧缠绕 4 圈，剪去余端，钳平切口。插入干线的 4 股芯线用同样方法缠绕 3 圈后，剪去余端，钳平切口。

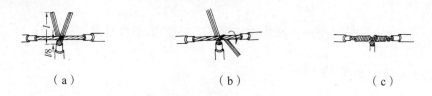

图 1.10　7 股铝芯导线的 T 字分支连接

（5）生产实训：

① 两根长 0.3 m 的 BV 2.5 mm^2（1/1.76 mm）塑料铝芯线作直接连接。

② 两根长 0.3 m 的 BV 2.5 mm^2（1/1.76 mm）塑料铝芯线作 T 字分支连接。

③ 两根长 0.3 m 的 BV 10 mm^2（7/1.33 mm）塑料铝芯线作直接连接。

④ 两根长 0.3 m 的 BV 10 mm^2（7/1.33 mm）塑料铝芯线作 T 字分支连接。

（6）实训要求：

① 剖削导线绝缘层时，芯线不能损伤。

② 导线缠绕方法要正确。

③ 导线缠绕后要平直、整齐和紧密。

3. 导线绝缘层的恢复

（1）绝缘带的包缠方法。用绝缘带从线头的绝缘层上开始，采用 1/2 迭包方法包至另一线头绝缘处，再包 3~4 圈，如图 1.11（a）所示。缠绕时，先包缠黄蜡带（或涤纶薄膜带），然后再包黑胶带，如图 1.11（c）所示。

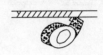

（a）黄蜡带包缠始端　（b）黑胶带接于黄蜡带尾端　（c）用斜叠法包缠黑胶带

图 1.11　绝缘带的包缠

（2）注意事项：

① 用在 380 V 线路上，必须先包缠 1~2 层黄蜡带，然后再包缠一层黑胶带。

② 用在 220 V 线路上，先包缠一层黄蜡带，然后再包一层黑胶带，也可只包缠两层黑胶带。

③ 绝缘带包绕时，不能过疏，更不能露出芯线，以免造成触电或短路事故。

④ 绝缘带平时不可放在温度过高的地方，也不可浸染油类。

1.2.2　考　核

（1）考核内容：

① 两根长 0.3 m 的 BV 16 mm^2（1/1.7 mm）塑料铝芯线作直接连接。

② 恢复绝缘层。

（2）考核步骤：

① 剖削绝缘层；② 直接连接；③ 恢复绝缘层。

（3）成绩评定：按表 1.2 的评定标准做出成绩评定。

表 1.2　考核及评定标准

项目内容	配分	评　定　标　准	扣分	得分
绝缘导线剖削	20	1. 导线剖削方法不正确扣 5 分 2. 导线损伤（刀伤、钳伤）每个扣 3 分		

续表 1.2

项目内容	配分	评　定　标　准	扣分	得分
导线直接连接	60	1. 导线缠绕方法不正确扣 25 分 2. 导线缠绕不整齐扣 15 分 3. 导线连接不紧、不平直、不圆： 　①　最大处直径 > 14mm 扣 10 分，每超 0.5 mm 加扣 5 分 　②　导线不平直 > 2 mm 扣 5 分 　③　同一断面两次测量直径差 > 2 mm 扣 5 分		
恢复绝缘层	20	1. 包缠方法不正确扣 10 分 2. 渗水：渗入内层绝缘扣 15 分		

1.3　焊接工具及工艺

【技能目标】
　　（1）掌握电烙铁的正确使用方法；
　　（2）会根据需要正确选择电烙铁和助焊剂；
　　（3）会印制板的手工制作；
　　（4）能正确进行焊接操作和检查。

【实训器材】
　　外热式电烙铁；内热式电烙铁；助焊剂；单面覆铜板；三氯化铁；焊锡；小台钻；斜口钳、镊子等。

1.3.1　焊接工具

　　电子产品装配焊接常用的工具有旋具、钳子、镊子、烙铁和扳手等。将元器件焊接到印制板上使用的工具主要是烙铁和镊子。

1. 电烙铁

　　电烙铁是手工焊接的主要工具，其基本结构是由发热部分、储热部分和手柄部分组成的。烙铁芯是电烙铁的发热部件，它将电热丝平行地绕制在一根空心瓷管上，层间由云母片绝缘，电热丝的两头与两根交流电源线连接。烙铁头由紫铜材料制成，其作用是储存热量，它的温度比被焊物体的温度要高得多。烙铁的温度与烙铁头的体积、形状、长短等均有一定关系。若烙铁头的体积越大，保持温度的时间就越长。

电烙铁把电能转换为热能对焊接点部位的金属进行加热，同时熔化焊锡，使熔融的焊锡与被焊金属形成合金，冷却后形成牢固的连接。

1）电烙铁的种类

经常使用的电烙铁有外热式电烙铁、内热式电烙铁和恒温式电烙铁等。

（1）外热式电烙铁。

由于发热的烙铁芯安装在烙铁头的外部，故称为外热式电烙铁，它由烙铁头、烙铁芯、外壳、木柄、电源线等组成，如图 1.12 所示。

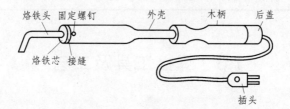

图 1.12　外热式电烙铁

（2）内热式电烙铁。

内热式电烙铁结构如图 1.13 所示，由烙铁头、弹簧　夹、烙铁芯、连接杆、手柄、电源线等组成。功率有 15 W，20 W，35 W，50 W 等规格。内热式电烙铁发热快，耗电省，热效率高。

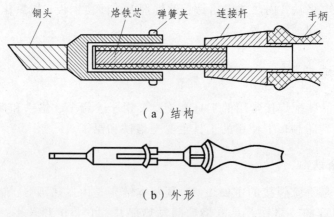

（a）结构

（b）外形

图 1.13　内热式电烙铁

（3）恒温式电烙铁。

恒温式电烙铁结构如图1.14所示，适用于焊接温度不宜过高、焊接时间不宜过长的焊接。

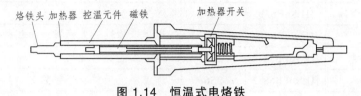

烙铁头 加热器 控温元件 磁铁 加热器开关

图1.14 恒温式电烙铁

2）选用电烙铁的原则

① 焊接集成电路、晶体管及受热易损的元器件时，考虑选用20 W内热式或25 W外热式电烙铁。

② 焊接较粗导线或同轴电缆时，考虑选用50 W内热式或45～75 W外热式电烙铁。

③ 焊接较大元器件时，如金属底盘接地焊片，应选用100 W以上的电烙铁。

④ 烙铁头的形状要适应被焊件物面要求和产品装配密度。

3）电烙铁使用注意事项

（1）新电烙铁使用前要进行处理，即让电烙铁通电给烙铁头"上锡"。具体方法：首先用锉刀把烙铁头按需要锉成一定的形状，然后接上电源，当烙铁头温度升到能熔锡时，将烙铁头在松香上沾涂一下，等松香冒烟后再沾涂一层焊锡，如此反复进行2～3次，使烙铁头的刃面全部挂上一层锡便可使用了。使用过程中应始终保证烙铁头挂上一层薄锡。

（2）电烙铁不使用时不宜长时间通电，这样容易使烙铁芯过热而烧断，缩短其寿命，同时也会使烙铁头因长时间加热而氧化，甚至被"烧死"而不再"吃锡"。

2．焊 料

焊料是指易熔的金属及其合金，其作用是将被焊物连接在一起。焊料的熔点比被焊物低，且易于与被焊物连为一体。

焊料按其组成成分，可分为锡铅焊料、银焊料、铜焊料。熔点在450 ℃以上的称为硬焊料，熔点在450 ℃以下的称为软焊料。常用的锡铅焊料及其用途如表1.3所示。

表 1.3　常用的锡铅焊料及其用途

名　称	牌　号	熔点 / °C	用　途
10 锡铅焊料	HLSnPb10	220	焊接食品器皿及医药卫生方面物品
39 锡铅焊料	HLSnPb39	183	焊接电子电气制品
50 锡铅焊料	HLSnPb50	210	焊接计算机、散热器、黄铜制品
58-2 锡铅焊料	HLSnPb58-2	235	焊接工业及物理仪表
68-2 锡铅焊料	HLSnPb68-2	256	焊接电缆铅护套、铅管等
80-2 锡铅焊料	HLSnPb80-2	277	焊接油壶、容器、散热器等
90-6 锡铅焊料	HLSnPb90-6	265	钎焊黄铜和铜
73-2 锡铅焊料	HLSnPb73-2	265	钎焊铅管

市场上出售的焊锡，由于生产厂家不同，配制比例有很大的差别，但熔点基本在 140 °C ~ 180 °C。在电子产品焊接中一般均采用 Sn62.7%、Pb37.3% 配比的焊料。这种焊料在焊接时不经过半凝固状态，而熔点与凝固点相同，均为 183 °C。其优点是：熔点低，结晶间隔短，流动性好且机械强度高。

焊料形状有丝状、带状、圆片等几种。常用的焊锡丝在其内部夹有固体焊剂松香。焊锡丝的直径种类较多，常用的有 ϕ3 mm，ϕ2.5 mm，ϕ1.5 mm 等。

3. 助焊剂

1）助焊剂的作用

在进行焊接时，为了使焊接牢固，要求金属表面无氧化物和杂质。除去氧化物和杂质，通常用机械方法和化学方法。机械方法是用砂纸或刀子将其清除。化学方法是用助焊剂清除。用助焊剂清除具有不损坏被焊物和效率高的特点，因此焊接时一般都采用此法。

助焊剂除了有去除氧化物的功能外，还具有以下作用：

① 加热时防止金属氧化。

② 帮助焊料流动，减少表面张力，使焊料充分润湿被焊物表面。

③ 可将热量从烙铁头快速传递到焊料和被焊物的表面,因助焊剂熔点比焊料及被焊物熔点均低，故先熔化，并填满间隙和湿润焊点，使烙铁的热量很快传递到被焊物上，加快预热速度。

2）助焊剂的种类

助焊剂可分为无机系列、有机系列和树脂系列。

（1）无机系列助焊剂。

这类助焊剂的主要成分是氯化锌及其混合物。其最大优点是助焊作用好，缺点是具有强烈的腐蚀性，常用于可清洗的金属制品的焊接中。若对残留的助焊剂清洗不干净，会造成被焊物的损坏。市场上出售的各种"焊油"多数属于此类助焊剂。

对于镀锌、铁、锡镍合金等焊接困难的材料，可选用此类助焊剂，但焊接后，务必对残留焊剂进行清洗。

（2）有机系列助焊剂。

有机系列助焊剂主要由有机酸卤化物组成。优点是助焊性能好，缺点是有一定的腐蚀性，且热稳定性较差。即一经加热，便迅速分解，留下无活性残留物。

对于铅、黄铜、青铜、镀镍等焊接性能差的金属，可选用有机焊剂中的中性助焊剂。

（3）树脂活性系列助焊剂。

此类助焊剂最常用的是在松香焊剂中加入活性剂。松香是从各种松树分泌出来的汁液中提取的，通过蒸馏法加工成固态松香。松香是一种天然产物，它的成分与产地有关。

松香酒精焊剂是用无水酒精溶解松香配制而成的。一般松香占 23% ~ 30%。这种助焊剂的优点是：无腐蚀性，高绝缘性，长期的稳定性及耐湿性。焊接后易于清洗，并能形成薄膜层覆盖焊点，使焊点不被氧化腐蚀。

电子线路和易于焊接的铂、金、铜、银、镀锡金属等，常采用松香或松香酒精助焊剂。

1.3.2 印制电路板的制作

1. 手工制作方法

1）敷铜板下料

按电路要求，裁好敷铜板的尺寸和形状。先用 0# 砂纸将敷铜板边缘打磨一下，并清洁敷铜面。

2）制作印制电路

将设计好的印制电路图用复写纸复印在敷铜板上，注意复印过程中，电路图一定要与敷铜板对齐，并用胶带纸粘牢，等到用铅笔或复写笔描完图形并检查无误后再将其揭开。

3）描板或贴膜

它是把复写好的敷铜板上面的线条用描油漆的方法覆盖好。首先要准备好易干的调和漆，漆的稠稀要适中，然后用鸭嘴笔或注射针头按复印电路图描板。在描板过程中，漆要涂均匀，厚薄适宜，边缘清楚无毛边。为了美观，可用小刀把线条修整齐。

除此之外，还可采用热转印法。这种方法是先用打印机把 PCB 图打印到热转印纸上，再将该纸盖到敷铜板上（注意有油墨面应对着敷铜板），然后用加热的电熨斗均匀在纸上面熨。熨毕，待印制板冷后小心把纸揭起即可。

双面板制作时，板和印制主电路图应有 3 个以上定位孔，且必须用合适的钻头把焊盘上的引线孔钻好，以利于描反面印制导线的定位。描漆时需将引线孔用漆填充，以免腐蚀时使焊盘内孔边缘被蚀刻。

4）腐　蚀

用一份三氯化铁、两份水的质量比例配制好腐蚀液。腐蚀液放置在玻璃或陶瓷平盘容器中。描好的线路板待漆干后，经过修整并与原图核对确认无误后再放入腐蚀液中。为了加快腐蚀速度，可增加三氯化铁的浓度，并给溶液加温，但温度不宜超过 50 ℃，否则会损坏漆膜。还可用木棍子夹住电路板轻轻摆动，以加快腐蚀速度。腐蚀完毕，用清水冲洗线路板，用布擦干，再用蘸有稀料的棉球擦掉保护漆，铜箔电路就可以显露出来。

5）修　整

将腐蚀好的电路板再一次与原图对照，用刀子修整敷铜导电条的边缘和焊盘，使敷铜导电条边缘平滑无毛刺，焊点圆滑。

6）钻　孔

按图样所标尺寸钻孔。孔必须钻正，孔一定要钻在焊盘的中心，且垂直板面。钻孔时一定要使钻出的孔光洁、无毛刺。元件孔在 2 mm 以下的，需要采用高速台钻钻孔。钻好孔后用细砂纸将印制电路板轻轻擦亮，用干布擦去粉末。

7）涂助焊剂

涂助焊剂的目的是容易焊接，保证导线性能，保护铜箔，防止产生铜锈。防腐助焊剂一般是松香、酒精按 1：2 的体积比例配制而成的溶液。将电路板烤至烫手时即可喷、刷助焊剂。助焊剂干燥后，就得到所要求的线路板。

2. 印制电路板的工业制作简介

印制电路板厂制作印制电路板的过程一般是：

（1）落料。按印制电路板图的尺寸形状下料。

（2）钻孔。将需钻孔位置输入数控钻床微机，每次可钻 3～4 块板。

（3）清洗。用化学方法清洗印刷板面上的油腻及化学层。

（4）网印。在铜箔板上制作印制电路图，常用丝网漏印法或感光法。丝网漏印法是在丝网上黏附一层漆膜或胶膜，然后按技术要求将印制电路图制成镂空图形。漏印时只需将敷铜板在底板上定位，将印刷料倒在固定丝网的框内，用橡皮板刮压印料，使丝网与敷铜板直接接触，即可在敷铜板上形成由印料组成的图形。漏印后需烘干、修板。

（5）电镀。为了提高板子的电气性能，确保电气连通，常在板上涂一层铅锡合金。

（6）腐蚀。用塑料泵将腐蚀液送到喷头，喷成雾状微粒，并高速喷淋到敷铜板上，对印制板进行腐蚀。板子由传送带运送，可连续进行腐蚀。

（7）热熔。腐蚀后板上的铅锡合金经热熔后，可增强可焊性，提高防氧化能力。

（8）印阻焊剂。在密度高的印制电路板上，为使板面得到保护，确保焊接的准确性，在板面上加阻焊剂，使焊盘裸露，其他部分均在阻焊层下，防止焊接时的桥焊现象。

1.3.3 印制电路板的焊接工艺

1）焊前准备

首先要熟悉所焊印制电路板的装配图，并按图纸备料，检查元器件型号、规格及数量是否符合图纸要求，并做好装配前元器件引线整形等准备工作。

2）焊接顺序

元器件装焊顺序为：将印制电路板按单元电路分区，一般从信号输入端开始，依次焊接。焊接时，先焊小元件，后焊大元件。

3）器件焊接要求

（1）电阻器。要求标记向上，字向一致。尽量使电阻器的高低一致。

（2）电容器。注意有极性电容器其"+"与"－"极不能接错，标记方向易看可见。

（3）二极管。注意阳极、阴极的极性不能装错，型号标记易看，焊接时间不能超过 2 s。

（4）三极管。注意 e，b，c 三引线位置插接正确，焊接时间尽可能短，焊接时用镊子夹住引线脚，以利散热。焊接大功率三极管时，若需加装散热片，应将接触面平整、打磨光滑后再紧固，若要求加垫绝缘薄膜时，切勿忘记加薄膜。管脚与电路板需连接时，要用塑料导线。

（5）集成电路。首先检查型号、引脚位置是否符合要求。焊接时先焊对角的两只引脚，以使其定位，然后再从左到右、自上而下逐个焊接。焊接时，烙铁头一次沾锡量以能焊 2~3 只引脚为宜，烙铁头先接触印制电路上的铜箔，待焊锡进入集成电路引脚底部时，烙铁头再接触引脚，接触时间不宜超过 3 s；且要使焊锡均匀包住引脚。焊后要检查有无漏焊、碰焊、虚焊之处，并清理焊点处焊料。

焊接半导体二极管、三极管和集成电路时，注意电烙铁要有可靠的接地。在给二极管、三极管引脚镀锡时，应用金属镊子夹住引脚根部散热。

1.3.4 拆 焊

在调试、维修过程中，或由于焊接错误都需要对元器件进行更换。在更换元器件时就需拆焊。如果拆焊的方法不当，往往会造成元器件的损坏、印制导线的断裂或焊盘的脱落。尤其在更换集成电路芯片时，就更为困难。因此拆焊工作是调试、维修过程中的重要内容。

1. 普通元器件的拆焊方法

（1）选用合适的医用空心针头拆焊。将医用空心针头锉平，作为拆焊工具。具体方法是：一边用烙铁熔化焊点，一边把针头套在被焊的元器件引线上，直至焊点熔化后，将针头迅速插入印制电路板的孔内，使元器件的引脚与印制板的焊盘脱开。

（2）用铜编织线进行拆焊。将铜编织线的部分吃上松香焊剂，然后放在将要拆焊的焊点上，再把电烙铁放在铜编织线上加热焊点，待焊点上的焊锡熔化后，就被铜编织线吸去。如焊点上焊料一次未吸完，则可进行第二次、第三次，直至吸完。

（3）用气囊吸锡器进行拆焊。将被拆焊点加热使焊料熔化，把气囊吸锡器挤瘪，将吸嘴对准熔化的锡料，然后放松吸锡器，焊料就被吸进吸锡器内，如图 1.15 所示。

（4）用专用拆焊电烙铁拆焊。图 1.16 所示为专用拆焊电烙铁头，它能一次完成多引脚元器件的拆焊，且不易损坏印制电路板及其周围元器件。这种拆焊方法对集成电路、中频变压器等拆焊很有效。在用专用拆焊电烙铁进行拆焊时，应注意加热时间不能过长。

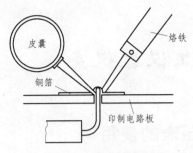

图 1.15　气囊吸锡器拆焊

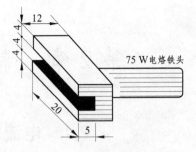

图 1.16　专用拆焊电烙铁

（5）用吸锡电烙铁拆焊。吸锡电烙铁是另一种专用拆焊电烙铁，它能在对焊点加热的同时，把锡吸入内腔，从而完成拆焊。

2．拆焊注意事项

（1）烙铁头加热被拆焊点时，焊料一熔化，就应及时按垂直印制电路板方向拔出元器件引线。无论元器件安装位置如何，是否容易取出，都不要强拉或扭转元器件，以免损伤印制电路板或其他元器件。

（2）在插装新元器件之前，必须把焊盘的插线孔中的焊锡清除，以便插装元器件引脚及焊接。其方法是：用电烙铁对焊盘加热，待锡熔化时，用一直径略小于插线孔的缝衣针或元器件引脚，插穿线孔即可。

思考题

1. 怎样用验电器检查导线和电气设备是否带电？使用时应注意什么？
2. 如何使用电工刀，才能做到安全操作？
3. 如何进行单股导线的 T 字分支连接？
4. 怎样进行绝缘带的包缠？
5. 为了使电烙铁易"吃锡"而不易氧化，一般要对新电烙铁进行上锡处理，简要叙述处理方法。
6. 简要叙述手工制作印制电路板的步骤和方法。
7. 常用的元器件拆焊方法有哪些，拆焊时应注意什么？

第2章　常用电工仪器仪表

2.1　电流表和电压表的使用

【技能目标】

（1）了解电流表、电压表的分类；

（2）能正确使用电流表、电压表；

（3）掌握电流表和电压表扩展量程的方法。

【知识要点】

电流表、电压表都有交、直流两种，分别用于交、直流电流和电压的测量。从结构原理上讲，以磁电系和电磁系用得最多。

【实训器材】

交、直流电压表各1台；交、直流电流表各1台；分流器1台；电阻适量。

2.1.1　直流电流表、电压表的使用

直流电流表、电压表的面板如图2.1所示。直流电流表用于测量直流电路中的电流值；直流电压表用于测量直流电路中的电压值。

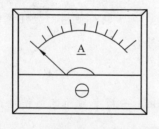
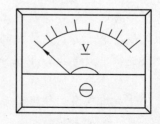

（a）直流电流表　　　　　　　（b）直流电压表

图2.1　直流电流、电压表

1. 直流电流表

直流电流表属磁电系仪表，测量时表中线圈与负载串联，如图 2.2 所示。由于线圈的导线很细，所以允许通过的电流是很微小的，一般是几十微安到几十毫安之间。如果要用它测量较大电流就必须扩大量程。

直流电流表是采用在线圈两端并联一个分流电阻的方法来扩大量程的。例如：有一只内阻为 30 Ω 的 0~1 mA 的表头，要改装成 0~2 mA 的电流表，则需要并联一个与表头内阻相等（即 30 Ω）的电阻，如图 2.3 所示。此时的实测电流值为指针所指出的读数的 2 倍。

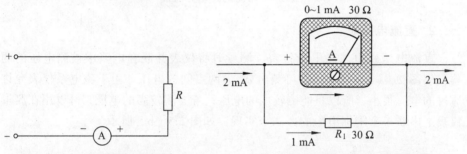

图 2.2　电流表串联在电路中　　　　图 2.3　表头改为 2 mA 电路图

假如将电阻为 30 Ω，0~1 mA 的表头扩大 10 倍，用来测 0~10 mA 的电流，则在表头上并联一只电阻值为表头内阻 1/9 的电阻（即 10/3 Ω 的分流电阻），此时，实测电流值为指针读数的 10 倍。同样，扩大 50 倍，则需要并联一只阻值为表头内阻 1/49 的电阻即可。

求分流电阻的公式为

$$R_f = R_g /(n-1)$$

式中　R_f ——所求并联的电阻；

　　　R_g ——表头内阻；

　　　n ——扩大量程的倍数。

在实际测量中，当被测电流很大（大于 50 A）时，由于分流电阻发热很严重，需将分流电阻做成单独的"外附分流器"。外附分流器有两对接线端钮，粗的一对叫"电流接头"，串接于被测的大电流电路中，细的一对叫"电位接头"，仪表就并联在电位接头端钮上。图 2.4 所示为常见外附分流器。

分流器的额定电压有 75 mV 和 45 mV 两种。对需接外附分流器的电流表，使用时应注意电流表标注的额定电压与分流器标注的额定电压要一致，电流允许值也要相同。

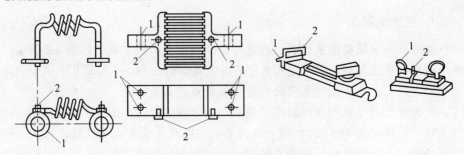

1—电流端钮；2—电位端钮

图 2.4　常见的外附分流器

2. 直流电压表

直流电压表也属磁电系仪表，测量时将仪表并联在电路中被测电压的两端，如图 2.5（a）所示，就可测出 a，b 两点间的电压。由于磁电系仪表允许通过的电流很小，所以只能测较低的电压；若要测较高的电压，可以用在测量仪表上串联一个附加电阻的办法来实现，如图 2.5（b）所示。

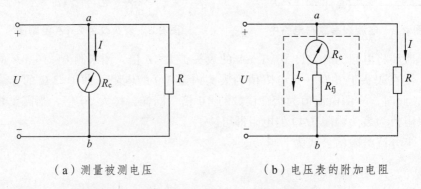

（a）测量被测电压　　　　　　　（b）电压表的附加电阻

图 2.5　测量电压线路图和电压表的附加电阻

直流电压表串联电阻的大小可用下式计算

$$R_{fj} = (m-1)R_c$$

式中　　R_{fj}——附加电阻；

　　　　m——电压表量程扩大倍数；

　　　　R_c——表头内阻。

附加电阻有内附式和外附式两种，一般电压高于 600 V 时，采用外附式；低于此值采用内附式。

电压表各量限的内阻不一样大，但各量限的内阻与相应电压量限的比值为一常数，这个常数往往在电压表的铭牌上标明，单位为 Ω/V，它是电压表的一个重要参数。例如，量限为 1 000 V 的电压表其内阻为 $2 \times 10^6 \Omega$，则该电压表内阻参数可表示为 2 000 Ω/V。这个参数越大，表明仪表内阻越大，功率消耗越小，精度与灵敏度也越高。

3. 直流电流表、电压表的正确使用

（1）接线要正确。直流电流表串接在电路中，直流电压表并接在电路中。表上的正极接线柱接待测电路的高电位处，表上的负极接线柱接待测电路的低电位处。在不知正、负极的电路中，可将表置于最大量限上，采用"试测"的方法来判断正负极。如果电源接地，测量电压时应将电压表接在近地端。

（2）防止仪表过载。在测未知量时，应预选大量限的仪表，或在多量限的仪表中选用最大量限来测试，以防仪表过载造成机械损坏和电气烧毁事故。

（3）测前需调零。使用前观察仪表指针是否偏移了零位刻度线，可通过机械调零螺钉，使仪表的指针准确指在零位刻度线上。

（4）电流表、电压表在使用中，不要受到剧烈振动，不宜放在潮湿、暴晒之处。在进行读数时，操作者的视线应尽量与标尺保持垂直，以减小测量中的误差。

2.1.2　交流电流表、电压表的使用

交流电流表和交流电压表是电磁系仪表。从理论上讲，可制成测量任何大小电流和电压的仪表，但由于受灵敏度等因素的影响，电流表的量程最大不超过 300 A，电压表的量程最大不超过 600 V，若要测量高于此值的电流、电压，就必须与互感器配合使用。接线法分别如图 2.6、图 2.7 所示。

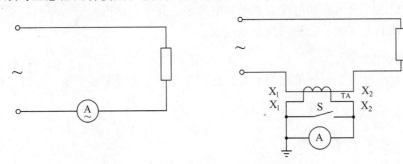

（a）交流电流表直接接入法　　　（b）带电流互感器的接入法

图 2.6　交流电流表的接法

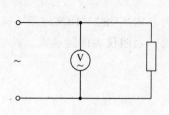
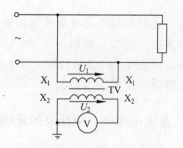

（a）交流电压表直接接入法　　　（b）带电压互感器的接入法

图 2.7　交流电压表的接法

使用互感器测量电流、电压时，电路中电流或电压的实际值为表的读数再乘上互感器的变比。实际应用时，表盘刻度按实际值标示，同时将所配互感器变比标注在表盘上，测量时可直接读出。

交流电流表、电压表的使用注意事项参照直流表。

2.2　电度表与功率表应用实训

【技能目标】

（1）学会用单相电度表测单相电路和三相电路电能的方法；

（2）了解三相电度表的接线方法；

（3）掌握如何正确使用、维护电度表。

【知识要点】

电度表又称电能表，是用来测量某一段时间内发电机发出电能或负载消耗电能的仪表，分为有功电度表和无功电度表，其中有功电度表有单相电度表、三相三线制电度表、三相四线制电度表。

【实训器材】

单相电度表 2 台；单相功率表 2 台；安培表、伏特表各 1 台；可调三相负载 1 台。

2.2.1　电度表的使用

1. 电度表的选择

（1）根据实测电路，选择电度表的类型。单相用电（如照明电路）选用单相电度表；三相用电时，可选用三相电度表或 3 只单相电度表，有时在成套电气设备中或电动机负载电路中，采用三相三线制电度表；为测无功电度数，电路中还安装了无功电度表。图 2.8 为单相电度表的外形及结构，三相电度表与单相电度表的外形相似。

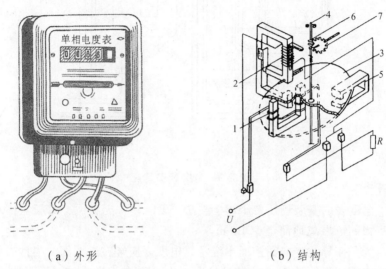

（a）外形　　　　　　　　　（b）结构

1—电压线圈；2—电流线圈；3—铝盘；4—转轴；5—制动永磁铁；6—蜗杆；7—蜗轮

图 2.8　单相电度表外形与结构

（2）按负载的最大电流及额定电压，根据测量的准确度选电度表的型号。选择时，电度表的额定电压与负载的额定电压应一致，电度表的额定电流应不小于负载的最大电流。

（3）当没有负载时，电度表的铝盘应该静止不转。当电度表的电流线路中无电流而电压线路中有额定电压时，其铝盘转动应不超过潜动允许值，即在限定时间内潜动不应超过一整转。

2．电度表的安装

安装电度表时应注意以下几点：

（1）一般要求电度表与配电装置装在一起，如图 2.9 所示。装电度表的木板正面及四周边缘应涂漆防潮，木板为实板，且必须坚实干燥，不应有裂缝，拼接处要紧密平整。

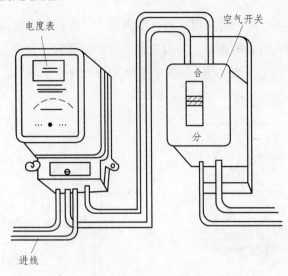

图 2.9　电度表安装

（2）电度表的安装场所要干燥、整洁，无震动、无腐蚀、无灰尘、无杂乱线路，表板的下沿离地面至少 1.8 m。

（3）为了使导线走向简洁而不混乱，电度表应装在进线侧。为抄表方便，明装电度表箱底面距地 1.8 m，特殊情况 1.2 m，暗装电度表箱底面距地 1.4 m。如需并列安装多只电度表时，两表间的距离不应小于 200 mm。

（4）不同电价的用电线路应分别装表，同一电价的用电线路应合并装表。

（5）表身必须与地面垂直，否则会影响电度表的准确度。

（6）电度表不允许安装在只有 10% 负载以下的电路中使用。

（7）电度表在使用过程中，电路上不允许经常出现短路或负载超过额定值 125% 的情况，否则会影响电度表的准确度和寿命。

3. 电度表的接线与读数

电度表的接线端比较多，容易接错。在接线前必须查看附表说明书，根据说明书中的接线图和要求，把进线和出线依次对号接在电度表的线柱上。图 2.10 为单相电度表的接线示意图。一般规律是"1，3 进；2，4 出"，且"1"为火线接柱，"3"为零线接柱，所用电能可直接通过电度表读出。

用单相电度表测对称三相四线制电能的接线方法如图 2.11 所示。此时电度表的读数是一相负载所消耗的电能，此读数乘以 3 即为负载所耗的总电能。

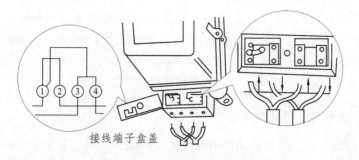

接线端子盒盖

图 2.10　单相电度表的接线方法

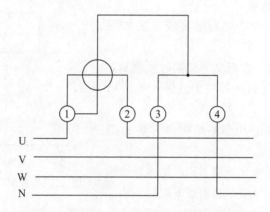

U
V
W
N

图 2.11　单相电度表测对称三相四线制电能

　　测量不对称三相四线制电能时，可用 3 个单相电度表分别测出每相负载所消耗的电能，然后把它们的数值相加即可得到消耗的总电能。当然，更好的方法是采用三相四线制电度表，直接读出三相负载的总电能。

2.2.2　功率表的使用

1. 功率表量限的选择

　　单量限功率表只有一种量限，在选用时，不但要考虑测量功率的量限是否足够，更要注意电压、电流量限是否和负载电压、电流相适应。若功率量限满足要求，而电压、电流的某一量限不合适，则此表也不能用。多量限功率表一般有两个电流量限、两个电压量限，通过选用不同的电流、电压量限，可获得不同的功率量限，但选择量限时也必须遵照单量限功率表的选择原则。

　　例如 D19-W 型功率表，额定值为 5 A/10 A 和 150 V/300 V，它的功率量限就有 3 种：$5 \times 150 = 750$ W；$10 \times 150 = 1\,500$ W 或 $5 \times 300 = 1\,500$ W；$10 \times 300 =$

3 000 W。若测量电流为 4.5 A、电压为 220 V 的阻性负载的功率时，若选用额定电压 150 V、电流为 10 A 的量程，虽然功率量限为 1 500 W，能满足功率的测量要求，但负载电压 220 V 已超过了功率表所承受的电压 150 V，所以要选用额定电流为 5 A、额定电压为 300 V 的量程测其功率。

2. 功率表的正确接线

（1）接线方法。单量程功率表有 4 个接线端钮，其中两个是电流接线端，另两个是电压接线端。为了正确接线，在电流接线和电压接线的一端标有"*"号（此端为发电机端）。

① 直流电路的功率测量接线方法如图 2.12 所示。

说明：接线时，必须使电流同时从电流、电压的发电机端（带 * 号端）流进。电路功率可直接读出。

② 交流电路的功率测量接线方法如图 2.13 所示。

说明：电流线圈（原圈）串联接入，线圈的发电机端（带 * 号端）必须接电源的一端，

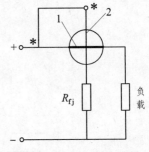

1—电流线圈；2—电压线圈

图 2.12　直流电路的功率测量

另一端接负载；电压线圈（动圈）并联接入，线圈的发电机端可以接功率表电流端钮的任一端，而另一个电压接线端必须接到负载的另一端。

当功率表电压线圈前接时，适用于负载电阻远大于功率表电流线圈电阻的情况；而功率表电压线圈后接，则适用于负载电阻远小于功率表电压线圈电阻的情况。负载所消耗的功率可通过功率表直接读出。

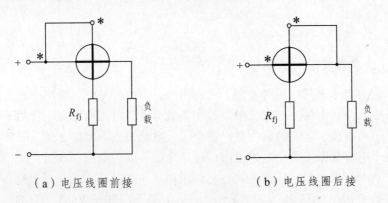

（a）电压线圈前接　　　　　　　（b）电压线圈后接

图 2.13　交流电路功率表的接线

（2）用一个单相功率表测三相对称负载的功率。若所测负载为三相对称负载，可用一单相表来测，此时三相功率为该功率表读数的 3 倍。

（3）用三相功率表测三相负载的功率。三相功率表一般用于测量三相三线制或负载对称的三相四线制电路的功率。接线方法如图 2.14 所示。

3. 功率表的读数

功率表的表盘不同于其他表盘，功率表的标尺不标瓦数，而只标分格数。在测量功率时，不能直接从标尺上读出瓦特数。读数时，首先看选用的电流量限和电压量限，然后去查对每一分格代表的瓦特数，再根据功率表的偏转格数，乘上功率表相应的分格常数，就等于被测功率的数值，即

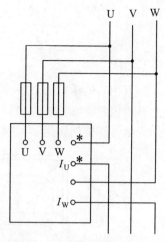

图 2.14 三相功率表接线法

$$P = C\alpha W$$

式中 P —— 被测功率的瓦数；

C —— 功率表分格常数（W/格），一般附有表格；

α —— 指针偏转的格数。

2.3 万用表的应用实训

【技能目标】

（1）了解万用表的用途、类型；

（2）学会正确使用和维护万用表。

【知识要点】

万用表又叫复用表或三用表，是一种可以测量多种电量的多量程仪表。一般万用表可以用来测量直流电压、直流电流、交流电压、交流电流、直流电阻、音频电平等，有的还能测电容、电感以及晶体管 β 值等。常用的万用表有 500 型、MF 型等。

【实训器材】

交、直流电源（380 V 以下）；电阻；万用表 500 型、MF30 型、VC97 型

各 1 台；电容、二极管、三极管适量。

2.3.1　指针式万用表的使用

万用表的结构外形多种多样，如图 2.15 所示为 500 型万用表的外形。不同的万用表其面板上旋钮和开关的布局也各有差异，所以，在使用万用表之前，必须弄清各部件的作用，同时也要分清表盘上各标度尺所对应测量的数值。

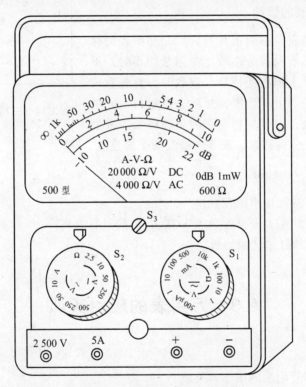

图 2.15　500 型万用表外形

1. 使用万用表的操作步骤

（1）测量之前，首先检查测试棒应接在什么位置上。

万用表上有几个插孔，如 "+"、"-"、"2 500 V"、"5 A" 等。规定红色测试棒应插 "+" 孔内或接正极接线柱，黑色测试棒插在 "-" 孔内或接负极接线柱，不得接反。

（2）正确选择转换开关的位置。

500 型万用表的面板上有两个旋钮，一个是种类选择旋钮，一个是量程选择旋钮。在使用时，应先将种类选择旋钮旋到被测量所需的种类位置（如电压、电流、电阻），然后再把量程变换旋钮旋到适当的量限。例如，要测量交流电压，则将转换开关旋至标有"$\underset{\sim}{V}$"的区间；若需要测量电阻，则将转换开关旋至标有"Ω"的区间。其他需要测量的物理量依此类推。在这种选择中，要注意旋钮到位，否则将会损坏甚至烧毁表头。如需测量电压，而误选了测量电流或电阻的种类，就会在测量时将表头严重损伤，甚至烧毁。所以在测量之前，必须仔细核对选择的挡位。

（3）正确选择量程。

量程的正确选择，将减少测量中的误差。测量时应根据被测物理量的大约数值，先把转换开关旋到该种类区间的适当量程上。在测量电流或电压时，最好使指针指示在满刻度的 1/2 或 2/3 以上，这样测量的结果比较准确。例如，要测量 220 V 的交流电压，就可选用"V"区间 250 V 的量程挡。如果被测量的数值不能预先知道，则在测量前将转换开关旋到该区间最大量程挡，然后进行测量。如果读数太小，再逐步缩小量程。

（4）在相应标度尺上读数。

在万用表的表盘上有很多条标度尺，如图 2.16 所示，它们分别在测量各种不同的被测量对象时使用，因此在进行测量时，要在相应的标度尺上读数。例如，标有"Ω"的标度尺是欧姆挡，在测量直流电阻时用；标有"$\underset{\sim}{V}$"的标度尺是测交流电压时用；标有"$\underline{V}$"的标度尺是测直流电压时用。所读的标度尺必须与万用表的转换开关的量程相符。

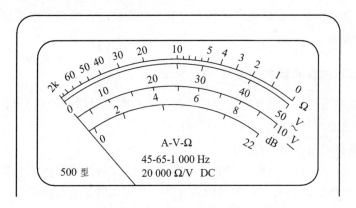

图 2.16　500 型万用表盘

2. 使用万用表时的注意事项

① 在使用万用表时，一般都是手握测试棒进行测量，因此，要注意手不

要触及测试棒的金属部分，以保证人身安全和测量数据的准确度。

② 测量电压时，万用表应并接在电路中。测直流电压时，要使万用表红色测试棒接被测部分的正极，而黑色测试棒接被测部分的负极。如果不知道被测部分的正、负极性，可以用以下方法判断测量：先将万用表转换开关置于直流电压最大量限挡，然后将一测试棒接于被测部分的一端，再将另一测试棒在被测部分的另一端轻轻地一触，立即拿开，同时观察万用表指针的偏向，若万用表指针往正方向偏转，则红色测试棒所接触的一端为正极；若万用表指针往反方向偏转，则红色测试棒所接触的一端为负极。

500 型万用表面板上的"2 500 V"接线孔，是为测量高电压使用的。测量时将红色测试棒插入"2 500 V"接线孔中，黑色测试棒插入"－"极孔中，将万用表放在绝缘良好的物体上，才能正确测量。

③ 用万用表测较高电压和较大电流时，不能带电旋动开关旋钮。例如，测量大于 0.5 A 的直流电流或高于 220 V 的电压时，带电旋动旋钮开关，必然会在开关触头上产生电弧，严重的会使开关烧毁。

④ 当转换开关置于测电流或测电阻的位置上时，切勿用来测电压，更不能将两测试棒跨接在电源上，因为此时表头内阻很小，当用来测电压时，表头通过大电流，会使万用表立刻烧毁。

⑤ 万用表使用完毕，一般应将转换开关旋转到空挡或交流电压最高的一挡，防止转换开关在欧姆挡时，测试棒短路无故耗电，更重要的是可以防止在下一次测量时，不注意转换开关所在位置，立即使用万用表去测量交流电压而将万用表烧坏。

3. 用万用表测量直流电阻

① 估测电阻值。观察电阻器的标称值或根据电阻器的外观特点，凭经验估计电阻值的大概数值。

② 选择适当的倍率挡。

面板上："×1，×10，×100，×1k，×10k"的符号表示倍率数，表头的读数乘以倍率数就是所测电阻的阻值。使用万用表测量直流电阻时，要根据所测量的范围，选择适当的倍率数，使指针指示在刻度较稀的部位，即图 2.17 所示标度尺的中心偏右的位置。测量直流电阻时，指针越接近刻度盘中心点，所得数值越准确，指针越往左，所测得数值准确性越差。例如，测 100 Ω 的电阻，可用"$R×1$"挡来测，但用"$R×10$"这一挡测量的数值更准确。

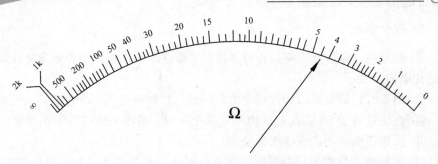

图 2.17　万用表 Ω 标度尺

③ 进行欧姆"调零"。

为减小测量误差，在测量电阻之前，首先应将两根测试棒"短接"（即碰在一起），并同时旋转调零旋钮，使指针正好指在"Ω"标度尺上的零位。

注意：如果旋动调零旋钮无法使指针达到零位，则证明万用表电池的电压过低，已不符合要求，应立即更换新电池。

④ 不能带电进行测量。

测量电阻时，必须切断电路中的电源，确保被测电阻中没有电流。因为带电测量，不但影响测量的准确度，还可能烧坏表头。

⑤ 被测量的对象不能有并联支路存在，否则测得的电阻将不是被测电阻的真实阻值；若有这种电路，应把被测电阻的一端焊下来，然后进行测量。

另外，不允许用欧姆挡去直接测量微安表、检流计和耐压低、电流小的半导体元件，以免损坏被测元件。此外，在使用万用表欧姆挡的间歇中，不要让两根测试棒短接，以免浪费电池。

2.3.2　数字式万用表

数字万用表具有数字显示清晰、读数准确、测量范围宽、测量速度快、测试功能多、保护电路齐全和输入阻抗高等优点，所以广泛应用于电子测量。下面以 VC97 型为例介绍数字万用表的使用方法。

VC97 型数字万用表是一种性能稳定且可靠性高的 $3\frac{3}{4}$ 位万用表，仪表采用 23 mm 字高 LCD 显示器，可用来测量直流电压、交流电压、直流电流、交流电流、电阻、电容、频率、占空比、三极管、二极管及通断测试，同时还设计有单位符号显示、数据保持、相对值测量、自动/手动量程转换、自动断电及报警功能。整机功能齐全，测量准确度高，使用方便。

1. 安全事项

① 测量前，要检查表笔是否可靠接触，是否正确连接，是否绝缘良好等，以避免电击。

② 测量时，请勿输入超过规定的极限值，以防电击和损坏仪表。

③ 在测量高于 60 V 直流、40 V 交流电压时，应小心谨慎，防止触电。

④ 选择正确的功能，谨防误操作。

⑤ 采用手动量程操作测量电压和电流时，若不知被测量的大概数值，应首选仪表的最大量限挡，再视情况逐渐减小量程。若采用自动量程转换，则由仪表自动识别。

2. 仪表面板结构

VC97 型数字万用表面板结构如图 2.18 所示，图中各按键功能如下：

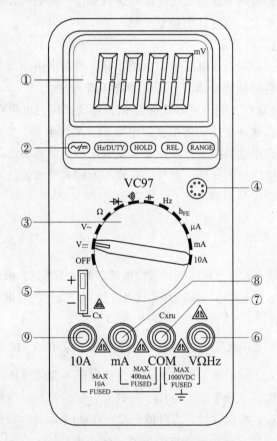

图 2.18　VC97 型数字万用表面板

① 液晶显示器：显示仪表测量的数值及单位。

② 功能键：

HOLD 键：按此功能键，仪表当前所测数值保持在液晶显示器上，显示器出现"HOLD"符号，再按一次，退出保持状态。

REL 键：按此功能键，读数清零，进入相对量测量，显示器出现"REL"符号，再按一次，退出相对量测量。

Hz/DUTY 键：测量交直流电压（电流）时，按此功能键，可切换频率/占空比/电压（电流），测量频率时切换频率/占空比（1%～99%）。

～/⎓ 键：选择 AC 或 DC 工作方式。

RANGE 键：选择自动量程或手动量程工作方式。仪表起始为自动量程状态，显示"AUTO"符号，按此功能键转为手动量程，按一次增加一挡，由低到高依次循环。持续按下此键长于 2 s，回到自动量程状态。

③ 旋钮开关：用于改变测量功能及量程。

④ h_{FE} 测试插座：用于测量晶体三极管放大倍数的数值大小。

⑤ 电容插座。

⑥ 电压、电阻、频率插座。

⑦ 公共地。

⑧ 小于 400 mA 电流测试插座。

⑨ 10 A 电流测试插座。

3. 技术特性

1）测量范围

直流电压：400 mV；4 V；40 V；400 V；1 000 V。

交流电压：400 mV；4 V；40 V；400 V；700 V。

电阻：400 Ω；4 kΩ；40 kΩ；400 kΩ；4 MΩ；40 MΩ。

电容：4 nF；40 nF；400 nF；4 μF；40 μF；200 μF。

频率：100 Hz；1 000 Hz；10 kHz；100 kHz；1 MHz；30 MHz。

晶体管放大系数：0～1 000。

2）显示特性

显示方式：液晶显示。

最大显示：3 999、$3\frac{3}{4}$ 位自动极性显示和单位显示。

采样速率：约 3 次/s。

过量程显示："OL"。

4．使用方法

1）直流电压测量

① 将黑表笔插入"COM"插孔，红表笔插入"VΩHz"插孔。

② 将功能开关转至"V ═"挡。

③ 仪表起始为自动量程状态，显示"AUTO"符号，按"RANGE"键转为手动量程方式，可选 400 mV，4 V，40 V，400 V，1 000 V 量程。

④ 将测试表笔接触测试点。

注意：

① 手动量程方式如 LCD 显示"OL"，表明已超过量程范围，须将量程开关转至高一挡。

② 测量电压切勿超过 1 000 V，若超过，则有损坏仪表电路的危险。

③ 当测量高电压电路时，千万注意避免触及高压电路。

2）交流电压测量

① 将黑表笔插入"COM"插孔，红表笔插入"VΩHz"插孔。

② 将功能开关转至"V~"挡。

③ 仪表起始为自动量程状态，显示"AUTO"符号，按"RANGE"键转为手动量程方式，可选 400 mV，4 V，40 V，400 V，700 V 量程。

④ 将测试表笔接触测试点。

注意：

① 手动量程方式如 LCD 显示"OL"，表明已超过量程范围，须将量程开关转至高一挡。

② 测量电压切勿超过交流 700 V，若超过，则有损坏仪表电路的危险。

③ 测量高电压电路时，千万注意避免触及高压电路。

3）电流测量

① 将黑表笔插入"COM"插孔，红表笔插入"mA"（最大为 400 mA）或"10 A"（最大为 10 A）插孔中。

② 将功能开关转至电流挡，按动"~/═"键选择 DC 或 AC 测量方式，然后将仪表的表笔串入被测电路中，被测电流值及红色表笔点的电流极性将同时显示在屏幕上。

注意：

① 如果测量前对被测电流范围没有概念，则应将量程开关转到最高的挡位，然后根据显示值转至相应的挡位上。

② 如 LCD 显示"OL"，表明已超过量程范围，须将量程开关转至高一挡。

③ 最大输入电流为 400 mA 或者 10 A（视红表笔插入位置而定），过大的电流会将保险丝熔断，甚至损坏仪表。

4）电阻测量

① 将黑表笔插入"COM"插孔，红表笔插入"VΩHz"插孔。

② 将功能开关转至"Ω"挡，将两表笔跨接在被测电阻上。

③ 按"RANGE"键选择自动或手动量程方式。

④ 如果测阻值小的电阻，应先将表笔短路，按"REL"一次，这样才能显示电阻的实际值。

注意：

① 测量在线电阻时，要确认被测电路所有电源已关断以及所有电容都已完全放电时才能进行。

② 请勿在电阻挡输入电压，这是绝对禁止的。

5）电容测量

① 将功能开关转至电容挡。

② 按一次"REL"键清零。

③ 将被测电容对应极性插入"Cx"插座输入端，或用表笔将被测电容接入"COM"、"VΩHz"端（红笔为"+"），屏幕将显示电容容量。

④ 测量大于 40 μF 时需 15 s 才能稳定。

注意：

① 严禁在测量电容或电容未移开"Cx"插座时，在"VΩHz"端输入电压或电流信号。

② 每次测试，必须按一次"REL"键清零，才能保证测量准确度。

③ 电容挡仅有自动量程工作方式。

④ 被测电容应完全放电，以防止损坏仪表。

6）频率测量

① 将表笔或屏蔽电缆接入"COM"、"VΩHz"输入端。

② 将功能开关转至"Hz"挡，将表笔或电缆跨接在信号源或被测负载上。

③ 按"Hz/DUTY"键切换频率/占空比，显示被测信号的频率或占空比读数。

注意：

① 频率挡只有自动挡。

② 输入超过 10 V 交流有效值时，可以读数，但可能超差。

③ 在噪声环境下，测量小信号时最好使用屏蔽电缆。

④ 在测量高电压电路时，千万不要触及高压电路。

⑤ 禁止输入超过 250 V 直流或交流峰值的电压值，以免损坏仪表。

7）三极管 h_{FE} 测量

① 将功能开关转至 h_{FE} 挡。

② 确定所测晶体管为 NPN 型或 PNP 型，将发射极、基极、集电极分别插入相应主孔，显示器显示三极管放大倍数近似值。

8）二极管测试

① 将黑表笔插入"COM"插孔，红表笔插入"VΩHz"插孔（注意红表笔极性为"+"）。

② 将功能开关转至"➤|"挡。

③ 正向测量：将红表笔接到被测二极管正极，黑表笔接到二极管负极，显示器显示二极管正向压降的近似值。

④ 反向测量：将红表笔接到被测二极管负极，黑表笔接到二极管正极，显示器显示"OL"。

⑤ 完整的二极管测试包括正反向测量，如果测试结果与上述不符，说明二极管是坏的。注意：请勿在二极管挡输入电压。

9）通断测试

① 将黑表笔插入"COM"插孔，红表笔插入"VΩHz"插孔。

② 将功能开关转至"•))"挡。

③ 将表笔连接到待测线路的两点，如果电阻值低于约 50 Ω，则内置蜂鸣器发声。

10）数据保持

按下保持开关，当前数据就会保持在显示器上，再按一下数据保持取消，重新计数。

2.4　示波器应用实训

【技能目标】

（1）了解示波器的用途；

（2）学会正确使用和维护示波器。

【知识要点】

示波器是一种能将非常抽象的看不见的随着时间变化的电压波形，变成具体的看得见波形图的仪器。通过波形图可以看清信号的特征，并且可以从波形图上计算出被测电压的幅度、周期、频率、脉冲宽度及相位等参数。

【实训器材】

YB4320 示波器 1 台；信号发生器 1 台。

2.4.1　YB4320 双踪示波器主要技术指标

1. 垂直偏转系统

① 频带宽度：DC 0 ~ 20 MHz，− 3 dB；AC 10 Hz ~ 20 MHz，− 3 dB。

② 输入灵敏度：5 mV/div ~ 5 V/div，按 1-2-5 步进，共分 10 挡。"× 1"精度为 ± 5%，"× 5"精度为 ± 10%。

③ 可微调的垂直灵敏度：大于所标明的灵敏度值的 2.5 倍。

④ 上升时间：≤17.5 ns。

⑤ 输入阻抗：$1 \times (1 \pm 2\%)$ MΩ∥(25 pF ± 3 pF)。

⑥ 最大输入电压：300 V（DC + AC 峰值）。

2. 水平偏转系统

① 扫描时间因数：0.1 μs/div ~ 0.2 s/div（误差 ± 5%），按 1-2-5 步进，共分 20 挡。

② 触发方式：自动、正常、TV-V、TV-H。

③ 触发信号源：内触发、CH2 触发、电源触发、外触发。

④ 灵敏度：常态方式下频率为 10 Hz ~ 20 MHz 时 2 div（内触发）、0.3 V（外触发）。自动方式下频率为 20 Hz ~ 20 MHz 时 2 div（内触发）、0.3 V（外触发）。

3. 电　源

电压为交流 220（1 ± 10%）V，频率为 50（1 ± 5%）Hz，功耗为 35 W。

2.4.2　YB4320 双踪示波器面板图及控制键功能

1. YB4320 双踪示波器面板

YB4320 面板示意图如图 2.19 所示。各控制键功能和使用方法如下：

① 电源开关（POWER）：将电源开关按键弹出即为"关断"位置，按下电源开关，将电源接入。

② 电源指示灯：电源接通时，指示灯亮。

③ 亮度旋钮（INTENSITY）：顺时针方向旋转旋钮，亮度增强。

④ 聚焦旋钮（FOCUS）：调节亮度控制钮使亮度适中，然后调节聚焦旋钮直至轨迹达到最清晰程度。

⑤ 光迹旋转旋钮（TRACE ROTATION）：由于磁场的作用，当光迹在水平方向轻微倾斜时，该旋钮用于调节光迹与水平刻度线平行。

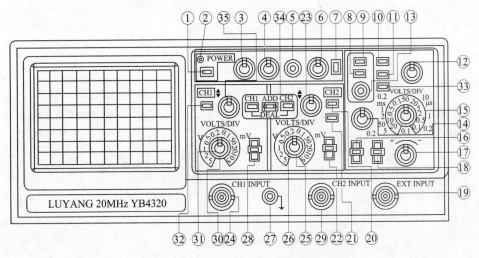

图 2.19　YB4320 双踪示波器面板

⑥ 刻度照明控制钮（SCALE ILLUM）：该旋钮用于调节屏幕亮度，如果该旋钮顺时针旋转，亮度将增加。该功能用于黑暗环境或拍照时的操作。

⑦ 校准信号（CAL）：电压幅度为 0.5 V，频率为 1 kHz 的方波信号。

⑧ ALT 扩展按钮（ALT-MAG）：按下此键，扫描因数×1，×5 同时显示。此时要把放大部分移到屏幕中心，按下 ALT-MAG 键。扩展后的光迹可由光迹分离控制键⑬移位距×1 光迹 1.5 div 或更远的地方。同时使用垂直双踪方式和水平 ALT-MAG，可在屏幕上同时显示 4 条光迹。

⑨ 扩展控制键（MAG×5）：按下此键，扫描因数×5 扩展。扫描时间是

TIME/DIV 开关指示数值的 1/5。

⑩ 触发极性按钮（SLOPE）：触发极性选择。用于选择信号的上升沿或下降沿触发。

⑪ X-Y 控制键：如 X-Y 工作方式时，垂直偏转信号接入 CH2 输入端，水平偏转信号接入 CH1 输入端。

⑫ 扫描微调控制旋钮（VARIBLE）：此旋钮以顺时针方向旋转到底时处于校准位置，该旋钮逆时针方向旋转到底，扫描减慢 2.5 倍以上。正常时该旋钮应位于校准位置，以便于对时间、周期和频率等参数的定量测量。

⑬ 光迹分离控制键：功能见"⑧"。

⑭ 水平移位（POSITION）：用于调节轨迹在水平方向移动。顺时针方向旋转该旋钮向右移动光迹，逆时针方向旋转向左移动光迹。

⑮ 扫描时间因数选择开关（TIME/DIV）：共 20 挡，在 0.1 μs/div ~ 0.2 s/div 范围选择扫描速率。

⑯ 触发方式选择（TRIG MODE）：

自动（AUTO）：采取自动扫描方式时，扫描电路自动进行扫描。在没有信号输入或输入信号没有被触发同步时，屏幕上仍然可以显示扫描基线。

常态（NORM）：有触发信号才能扫描，否则屏幕上无扫描线显示。当输入信号频率低于 20 Hz 时，请用常态触发方式。

TV-H：用于观察电视信号中行信号波形。

TV-V：用于观察电视信号中场信号波形。

⑰ 触发电平旋钮（TRIG LEVEL）：用于调节被测信号在某一电平触发同步。

⑱ 触发源选择开关（SOURCE）：选择触发信号源。

内触发（INT）：CH1 或 CH2 通道的输入信号是触发信号。

通道 2 触发（CH2）：CH2 通道的输入信号是触发信号。

电源触发（LINE）：电源频率为触发信号。

外触发（EXT）：触发输入为外部触发信号，用于特殊信号的触发。

⑲ 外触发输入插座（EXT INPUT）：用于外部触发信号的输入。

⑳，㉜ CH1 × 5 扩展、CH2 × 5 扩展：按下 × 5 扩展按钮，垂直方向的信号扩大 5 倍，最高灵敏度变为 1 mV/div。

㉑ CH2 极性开关（INVERT）：按此开关时 CH2 显示反向电压值。

㉒，㉘ 垂直输入耦合选择开关（AC-GND-DC）：选择垂直放大器的耦合方式。

交流（AC）：垂直输入端由电容器来耦合。

接地（GND）：放大器的输入端接地。

直流（DC）：垂直放大器输入端与信号直接耦合。

㉓，㉟ 垂直移位（POSITION）：调节光迹在屏幕中的垂直位置。

㉔ 通道 1 输入端（CH1 INPUT）：该输入端用于垂直方向的输入。采取 X-Y 方式时输入端的信号为 X 轴信号。

㉕，㉛ 垂直微调旋钮（VARIBLE）：垂直微调用于连续改变电压偏转灵敏度。此旋钮在正常情况下应位于顺时针方向旋转到底的位置，以便于对电压定性测量。将旋钮逆时针方向旋转到底，垂直方向的灵敏度下降到 2.5 倍以上。

㉖，㉚ 衰减器开关（VOLTS/DIV）：用于选择垂直偏转灵敏度的调节。如果使用的是 10∶1 的探头，计算时将幅度×10。

㉗ 接地柱（⊥）：接地端。

㉙ 通道 2 输入端（CH2 INPUT）：与通道 1 一样，但采取 X-Y 方式时输入端信号仍为 Y 轴信号。

㉝ 交替触发（ALT TRIG）：在双踪交替显示时，触发信号交替来自于两个 Y 通道，此方式可用于同时观察两路不相关的信号。

㉞ 垂直工作方式选择（VERTICAL MODE）：

通道 1 选择（CH1）：屏幕上仅显示 CH1 通道的信号。

通道 2 选择（CH2）：屏幕上仅显示 CH2 通道的信号。

双踪选择（DUAL）：同时按下 CH1 和 CH2 按钮，屏幕上会出现双踪并自动以断续或交替方式同时显示 CH1 和 CH2 通道的信号。

叠加（ADD）：显示 CH1 和 CH2 输入电压的代数和。

2. 基本操作方法

1）功能操作

（1）打开电源开关前先检查输入的电压，将电源线插入后面板上的交流插孔，打开电源，按如下设定功能键：

电源（POWER）：开关键弹出。

亮度（INTENSITY）：顺时针旋转到底。

聚焦（FOCUS）：中间。

AC-GND-DC：AC。

垂直移位（POSITION）：×5 扩展键弹出。

触发方式（TRIG MODE）：自动。

触发电平（TRIG LEVEL）：中间。

触发源（SOURCE）：内。

TIME / DIV：0.5 ms/div。

水平位置：×1（×5 MAG）、ALT-MAG 均弹出。

垂直工作方式（MODE）：CH1。

（2）一般将下列微调旋钮设定到"校准"位置：

VOLTS/DIV VAR：顺时针方向旋转到底，以便读取电压选择旋钮指示的 VOLTS / DIV 上的数值 。

TIME / DIV VAR：顺时针方向旋转到底，以便读取扫描选择旋钮指示的 TIME / DIV 上的数值。

2）信号参数测量

（1）直流电压的测量：设定 AC-GND-DC 开关至 GND，将零电平定位在屏幕最佳位置。将 VOLTS / DIV 设定到合适位置，然后将 AC-GND-DC 开关拨到 DC，直流信号将会使光迹产生上下偏移，直流电压可以通过光迹偏移的刻度乘以 VOLTS / DIV 开关挡位值得到。

（2）交流电压的测量：将零电平定位在屏幕合适位置，通过信号幅度在屏幕上所占的格数（div）乘以 VOLTS / DIV 挡位值得到交流信号的幅值。如果交流信号叠加在直流信号上，将 AC-GND-DC 开关设置在 AC，可隔开直流。如果探头为 10：1，实际值是测量值的 10 倍。

（3）频率和时间的测量：如果一个信号的周期在屏幕上占 2 div，假设扫描时间为 1 ms/div，则信号的周期为 1 ms/div × 2 div = 2 ms，频率为 1 /（2 ms）= 500 Hz。如运用 ×5 扩展，则 TIME / DIV 为指示值的 1/5。

2.5　兆欧表的选择与使用

【技能目标】

（1）了解兆欧表的用途、类型；

（2）学会正确使用和维护兆欧表。

【知识要点】

兆欧表又称摇表，在生产实际中用于电机、用电器、线路等的绝缘性能测量。

【实训器材】

500 V 兆欧表 1 台；电机 1 台；电缆适量。

2.5.1　兆欧表选择的依据和原则

绝缘材料因受潮、发热、污染、老化等原因，造成绝缘强度降低，为了便于检查修复后的设备绝缘性能是否达到要求，需要用兆欧表测量其绝缘电阻。

手摇式兆欧表的手摇直流发电机，其额定电压一般有 500 V，1 000 V，2 000 V，2 500 V 等几种不同的规格，可根据被测设备的工作电压来选用。

兆欧表的额定电压应与被测电气设备或线路的工作电压相适应，电压高的电气设备，需使用电压高的兆欧表进行测量。例如，瓷瓶的绝缘电阻总在 1 000 MΩ 以上，至少要用 2 500 V 以上的兆欧表才能测量，而测量电压不足 500 V 的电气设备线路的绝缘电阻时，可选用 500 V 的兆欧表即可。

兆欧表的测量范围应与被测绝缘电阻的范围相一致，有的兆欧表的刻度不是从零开始，而是从 1 MΩ 或 2 MΩ 开始，这样的兆欧表不宜用于测量在潮湿环境中的低压电气设备的绝缘电阻，因为在这种潮湿环境中的电气设备的绝缘电阻比较小，有可能小于 1 MΩ，在兆欧表上得不到读数而误以为绝缘电阻为零，因而得出错误的结论。

表 2.1 列举了一些在实际工作中选用兆欧表的实例，以供使用中参考。

表 2.1　兆欧表的选择举例

被 测 量 对 象	被测设备额定电压/V	所选用兆欧表的电压/V
线圈的绝缘电阻	500 以下	500
	500 以上	1 000
发电机线圈的绝缘电阻	380 以下	1 000
电力变压器、发电机、电动机线圈的绝缘电阻	500 以上	1 000 ~ 2 500
电气设备绝缘电阻	500 以下	500 ~ 1 000
	500 以上	2 500
瓷瓶母线刀闸	—	2 500 ~ 5 000

2.5.2 兆欧表的使用与维护

如图 2.20 所示，一般兆欧表上有 3 个接线柱：正极接线柱 "L"、接地接线柱 "E"、屏蔽接线柱 "G"。在测量时，将正极接线柱 "L" 与被测物和大地绝缘的导体部分相接；将接地接线柱 "E" 与被测物的外壳或其他导体部分相接；屏蔽接线柱 "G" 与被测物上的保护遮蔽环或其他不需测量的部分相接。一般测量时只有 "L" 和 "E" 两接线柱，"G" 接线柱只在被测物表面漏电严重时才使用。

图 2.20 分别说明了电机绕组对外壳、导线对地、电线电缆绝缘电阻的测量方法。

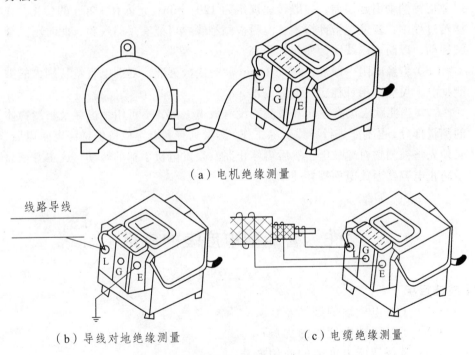

（a）电机绝缘测量

（b）导线对地绝缘测量　　　　（c）电缆绝缘测量

图 2.20　兆欧表测量接线方法

使用兆欧表时应注意以下事项：

（1）兆欧表应平稳放置，放置地点必须远离大电流的导体和有外磁场的场合，以免影响读数。

（2）在测量绝缘电阻之前，必须对兆欧表本身检查一次。检查方法如下：使 "L"，"E" 两个端线处在开路状态，摇动手柄到额定转速，这时指针应指在

"∞"位置，然后再将"L"，"E"接线柱短接，缓慢转动手柄（注意必须缓慢转动，以免电流过大烧坏线圈），观察指针是否指到"0"处，若开路时指针能指到"∞"，短路时能指到"0"，说明兆欧表良好。

（3）凡采用兆欧表进行检查电气设备的绝缘电阻时，必须在停电以后进行，并对被测设备进行充分放电，否则可能发生人身和设备事故。

（4）接线柱至被测物间的测量导线，不能使用双股并行导线或多股绞合导线去接"L"，"E"，"G"接线柱，以免线间的绝缘电阻影响测量结果，应使用单股绝缘良好的导线，并保持兆欧表表面的清洁和干燥，以免兆欧表本身带来测量误差。

（5）使用兆欧表时，发电机的手柄应由慢渐快地摇动，速度切忌忽快忽慢，以免指针摆动引起误差，一般转速规定为 120 r/min，允许有 ±20% 的变化。在摇转过程中，若发现指针指零，说明被测绝缘物可能有短路现象，此时不能继续摇动，以防表内线圈因发热而损坏。

（6）绝缘电阻一般规定摇动 1 min 后的读数为准，遇到电容量特别大的被测物时，可等到指针稳定不变时为准。

（7）当兆欧表没有停转和被测物没有放电之前，不可用手去触及被测物体的测量部分，也不能进行导线拆除工作。测量具有大电容设备的绝缘电阻以后，必须先将被测物对地放电，然后再停止兆欧表发电机手柄的转动，这主要是为了防止电容器因放电而损坏兆欧表。

2.6 智能型电度表的应用

【技能目标】
（1）了解电度表的型号及含义；
（2）了解智能电度表的优势；
（3）掌握智能电度表的使用方法。

【实训器材】
单相智能电度表 2 台。

2.6.1 智能电度表基本知识

单相智能电度表外形如图 2.21 所示。

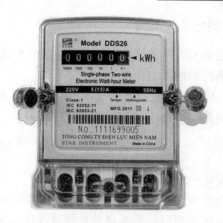

图 2.21　单相智能电度表

1. 型号及其含义

智能电度表型号是用字母和数字的排列来表示的，内容如下：类别代号＋组别代号＋设计序号＋派生号。

类别代号：D——电度表。

组别代号：表示相线的分类：D——单相；S——三相三线；T——三相四线。表示用途的分类：D——多功能；S——电子式；X——无功；Y——预付费；F——复费率。

设计序号：用阿拉伯数字表示，每个制造厂的设计序号不同，如长纱希麦特电子科技发展有限公司设计生产的电度表产品备案的序列号为 971，正泰公司的为 666，等等。

综合上面几点：

DD——表示单相电度表，如 DD971 型、DD862 型；

DS——表示三相三线有功电度表，如 DS862 型、DS971 型；

DT——表示三相四线有功电度表，如 DT862 型、DT971 型；

DX——表示无功电度表，如 DX971 型、DX864 型；

DDS——表示单相电子式电度表，如 DDS971 型；

DTS——表示三相四线电子式有功电度表，如 DTS971 型；

DDSY——表示单相电子式预付费电度表，如 DDSY971 型；

DTSF——表示三相四线电子式复费率有功电度表，如 DTSF971 型；

DSSD——表示三相三线多功能电度表，如 DSSD971 型；

2. 基本电流和额定最大电流

基本电流是确定电度表有关特性的电流值，额定最大电流是仪表能满足其制造标准规定的准确度的最大电流值。

例如，如 5（20）A 即表示电度表的基本电流为 5 A，额定最大电流为 20 A。对于三相电度表还应在前面乘以相数，如 3×5（20）A。

3. 参比电压

参比电压是指确定电度表有关特性的电压值。

对于三相三线电度表以相数乘以线电压表示，如 3×380 V。

对于三相四线电度表则以相数乘以相电压或线电压表示，如 3×220/380 V。

对于单相电度表则以电压线路接线端上的电压表示，如 220 V。

2.6.2 智能电度表及其使用

智能电度表是一种新型电度表，它由测量单元、数据处理单元等组成，具有电能量计量、信息存储及处理、实时监测、自动控制、信息交互等功能。相对以往的普通电度表，除具备基本的计量功能外，智能电度表是全电子式电度表，带有硬件时钟和完备的通信接口，支持双向计量、自动采集、阶梯电价、分时电价、冻结、控制、监测等功能，具有高可靠性、高安全等级以及大存储容量等特点，可以为实现分布式电源计量、双向互动服务、智能家居、智能小区等奠定基础。

1. 智能电度表功能

（1）有功电能计量，长期工作不须调校；

（2）剩余电量等于报警电量时，指示灯亮，提醒用户及时购电；

（3）剩余电量为 0 时跳闸断电；

（4）防窃电，自动记录非法用电信息；

（5）超负荷自动断电，便于电力部门实施增容；

（6）大容量磁保持继电器，低功耗、高可靠；

（7）具有数据回写功能，便于电力部门管理；

（8）配套的 IC 卡售电管理系统具有完备的售电管理和用电监察等功能。

2. 智能电度表的特点

由于采用了电子集成电路的设计，再加上具有远传通信功能，可以与电脑联网并采用软件进行控制，因此与感应式电度表相比，智能电度表不管在性能还是操作功能上都具有很大的优势。

1）功　耗

由于智能电度表采用电子元件设计方式，因此一般每块表的功耗仅有0.6 ~ 0.7 W。对于多用户集中式的智能电度表，其平均到每户的功率则更小。而一般每只感应式电度表的功耗为 1.7 W 左右。

2）精　度

就表的误差范围而言，2.0 级电子式电度表在 5% ~ 400% 标定电流范围内测量的误差为 ± 2%，而且目前普遍应用的都是精确等级为 1.0 级，误差更小。感应式电度表的误差范围则为 + 0.86% ~ − 5.7%，而且由于机械磨损这种无法克服的缺陷，导致感应式电度表越走越慢，最终误差越来越大。国家电网曾对感应式电度表进行抽查，结果发现 50% 以上的感应式电度表在用了 5 年以后，其误差就超过了允许的范围。

3）过载、工频范围

智能电度表的过载倍数一般能达到 6 ~ 8 倍，有较宽的量程。目前 8 ~ 10倍率的表正成为越来越多用户的选择，有的甚至可以达到 20 倍率的宽量程。工作频率也较宽，在 40 ~ 1 000 Hz 范围。而感应式电度表的过载倍数一般仅为4 倍，且工作频率范围仅为 45 ~ 55 Hz。

4）功能齐全

智能电度表由于采用了电子表技术，可以通过相关的通信协议与计算机进行联网，通过编程软件实现对硬件的控制管理。因此，智能电度表不仅具有体积小的特点，而且具有远传控制（远程抄表、远程断送电）、复费率、识别恶性负载、反窃电、预付费用电等功能，还可以通过对控制软件中不同参数的修改，来满足对控制功能的不同要求，而这些功能对于传统的感应式电度表来说都是很难或不可能实现的。

3. 智能电度表的工作原理

电度表由分压器取得电压采样信号，分流器采取电流采样信号，经乘法器得到电压电流乘积信号，再经频率变换产生一个频率与电压电流乘积成正比的计数脉冲。

电能计量脉冲经光电耦合器送 CPU 处理，运算后存储于非易失 EEPROM

中。由计算机管理信息系统，通过 IC 卡读写器，写入一定电量和监控要求的 IC 卡输入表内微处理器系统，经 CPU 运算后，提供显示、报警、切断状态信号。

4. 智能电度表的使用

预付费智能电度表在安装时，安装位置应保持垂直。

（1）打开电度表端钮盒盖，然后按接线图连接各端钮接线（按不同型号产品的说明书连接），接通电源。

（2）用户将预购电量 IC 卡按卡上箭头方向（金属触点面向左）插入表内，显示器首先显示 F1，然后显示本次所购电量；再稳定显示 F2，然后显示器显示原剩余电量加上新购电量之和为当前剩余电量，此时可取下 IC 卡，显示熄灭（如表中剩余电量低于显示报警电量时显示器常亮，表中原剩余电量与购电卡中电量之和大于 9 999 kW·h，卡内电量不被输入电度表，仍保存在卡内）。

其余显示分别为 F3 累计电量（最大为 9 999 kW·h），F4 负荷设定（最大为 99.99 kW），F5 报警电量（最小为 1 度，最大为 99 度），F6 最大负荷（最大为 9 999 kW）。

（3）当用户用电时，脉冲指示灯会随之闪亮。

（4）预付费电度表在正常使用过程中，自动对所购电量作递减计算。当电度表内剩余电量小于 20 度时，显示器显示当前剩余电量提醒用户购电。当剩余电量等于 10 度时，停电一次提醒用户购电，此时用户需将 IC 卡插入电度表一次恢复供电。当剩余电量为零时，停止供电。

（5）一表一卡，用户每次新购电量后，只能插入自己的电度表输入一次有效电量。

（6）预付费电度表显示器通常不亮，如果用户需要检查剩余电量，可以将 IC 卡插入电度表，则显示 F1 购买电量显示零、F2 剩余电量，拔卡显示熄灭。

（7）用户每次将 IC 卡插入预付费电度表，电度表都将用户用电情况全部返写在 IC 卡上，用户下次购电时，售电管理系统读取 IC 卡数据汇总并检查用户是否合法用电。用电检查人员也可以使用检查卡，检查用户用电情况。

（8）供电管理部门根据实际情况设置用户的最大用电负荷。当实际用电负荷超过设置值时，停止供电，电度表显示器显示 "E2"，提醒用户减少用电负荷，用户需将 IC 卡插入电度表后恢复供电。

思考题

1. 扩大电流表、电压表的方法有哪些？

2. 使用电流表、电压表测量时要注意哪些事项？

3. 指针式万用表有哪些量程？使用时应注意什么？

4. 如何用数字万用表检测一只二极管或三极管的极性、管型及质量的好坏？

5. 示波器一般由哪几部分组成？各部分的主要功能是什么？

6. 为什么兆欧表要按电压等级分类？

第3章　常用元器件的识别与选择

元器件是组成电子产品的基本要素，元器件的性能和质量直接影响电子产品的性能和质量。对电气技术人员的基本要求有：熟悉常用元器件的类别、型号、规格、性能及使用范围，能查阅电子元器件手册，能正确识别和选用，并能熟练使用万用表对其进行检验。

3.1　电　阻　器

【技能目标】

（1）熟悉电阻器、电位器的类别、型号、规格及主要性能；

（2）了解各种电阻器、电位器的外形和标志，掌握识别方法；

（3）掌握电阻器、电位器的基本检测方法。

【知识要点】

电阻器按结构可分为固定电阻、可变电阻；按材料和使用性质可分为膜式、线绕式、热敏电阻、压敏电阻；按伏安关系可分为线性电阻和非线性电阻等。

【实训器材】

不同类型规格、形式的电阻器、电位器若干；万用表1只。

3.1.1　电阻器的外形结构

电阻器的表示符号国家已制定有相应的标准，如图3.1所示。

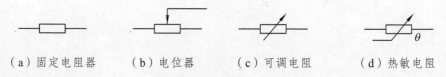

（a）固定电阻器　　（b）电位器　　（c）可调电阻　　（d）热敏电阻

图3.1　电阻器的符号

常见电阻器的外形如图 3.2 所示。

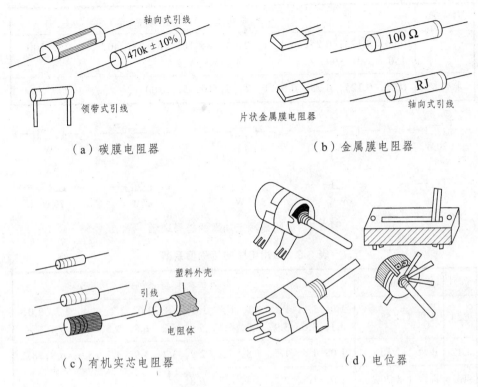

（a）碳膜电阻器　　　　　　　　　（b）金属膜电阻器

图 3.2　常见电阻器外形

3.1.2　线性电阻器和电位器的主要性能指标

1. 电阻器的主要参数

（1）额定功率。在规定的环境温度和湿度下，假设周围空气不流通，在长期连续工作而不损坏或基本不改变电阻器性能的情况下，电阻器上允许消耗的最大功率即为额定功率。额定功率的单位为 W。一般选用额定功率时要有余量（1~2 倍余量）。常用电阻器的额定功率系列如表 3.1 所示。在电路图中电阻器额定功率的符号表示如图 3.3 所示。

（2）标称阻值及允许误差。标志在电阻器上的电阻值简称标称值。电阻器的实际值对于标称阻值的最大允许偏差范围称为允许误差，它表示产品的精度。标称值单位用 Ω（欧）、kΩ（千欧）、MΩ（兆欧）。通用电阻的标称值系列和允许误差等级如表 3.2 所示，任何电阻器的标称值都应符合表 3.2 所

表 3.1　常用电阻器额定功率系列

种　类	电阻器额定功率系列/W
线　绕	0.05, 0.125, 0.25, 0.5, 1, 2, 4, 8, 10, 16, 25, 40, 50, 75, 100, 150, 250, 500
非线绕	0.05, 0.125, 0.25, 0.5, 1, 2, 5, 10, 50, 100

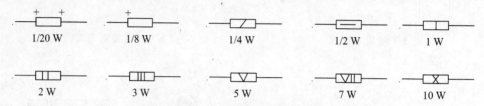

图 3.3　电阻器额定功率的符号表示

表 3.2　通用电阻的标称值系列

系列	允许偏差	电阻的标称值系列
E24	Ⅰ级（±5%）	1.0, 1.1, 1.2, 1.3, 1.5, 1.6, 1.8, 2.0, 2.2, 2.4, 2.7, 3.0, 3.3, 3.6, 3.9, 4.3, 5.1, 5.6, 6.2, 6.8, 7.5, 8.2, 9.1
E12	Ⅱ级（±10%）	1.0, 1.2, 1.5, 1.8, 2.2, 2.7, 3.3, 3.9, 4.7, 5.6, 6.8, 8.2
E6	Ⅲ级（±20%）	1.0, 1.5, 2.2, 3.3, 4.7, 6.8

列数值乘以 $10^n\ \Omega$，其中 n 为整数。精密电阻的误差等级有 ±0.05%，±0.2%，±0.5%，±1%，±2%等。

电阻器的阻值和误差的标注方法有三种：

①　直标法，是将电阻器的主要参数和技术性能用数字或字母直接标注在电阻体上。

②　文字符号法，是将需要标注出的主要参数与技术性能用文字、数字符号两者有规律的组合起来标志在电阻器上。例如，0.1 Ω 标志为 Ω1，3.3 Ω 标志为 3 Ω 3，3.3 kΩ 标志为 3k3，10 MΩ 标志为 10 M 等。

③　色环法（又称色标法），是用不同颜色的色环来表示电阻器的阻值及误差等。色环颜色所代表的含义如表 3.3 所示，色环法表示的电阻单位一律是欧姆。图 3.4（a）所示为四色环电阻器色标示例，图 3.4（b）所示为五色环电阻器色标示例，五色环是在四色环的基础上加了第三位数。

表 3.3　色环颜色所代表的含义

颜色	第一位数	第二位数	应乘位数	允许偏差	颜色	第一位数	第二位数	应乘位数	允许偏差
黑	—	0	$\times 10^0$	—	紫	7	7	$\times 10^7$	—
棕	1	1	$\times 10^1$	—	灰	8	8	$\times 10^8$	—
红	2	2	$\times 10^2$	—	白	9	9	$\times 10^9$	—
橙	3	3	$\times 10^3$	—	金	—	—	$\times 10^{-1}$	$\pm 5\%$（J）
黄	4	4	$\times 10^4$	—	银	—	—	$\times 10^{-2}$	$\pm 10\%$（K）
绿	5	5	$\times 10^5$	—	无色	—	—	—	$\pm 20\%$（M）
蓝	6	6	$\times 10^6$	—					

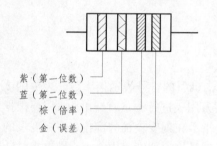

紫（第一位数）
蓝（第二位数）
棕（倍率）
金（误差）

（a）四色环电阻器表示
$76 \times 10^1 \ \Omega$（$\pm 5\%$）= 0.76 kΩ（$\pm 5\%$）

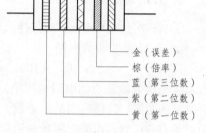

金（误差）
棕（倍率）
蓝（第三位数）
紫（第二位数）
黄（第一位数）

（b）五色环电阻器表示
$476 \times 10^1 \Omega$（$\pm 5\%$）= 4.76 kΩ（$\pm 5\%$）

图 3.4　电阻器色环法示例

（3）最高工作电压。它是指电阻器长期工作不发生过热或电击穿损坏的工作电压限度。

2. 电位器的结构和主要参数

电位器电阻体有两个固定端，通过手动调节转轴或滑柄，改变动触点在电阻体上的位置，则改变了动触点与任一个固定端之间的电阻值，从而改变了电压与电流的大小。其外形如图 3.2（d）所示。

电位器与电阻器的性能指标含义在标称阻值、允许偏差、额定功率等方面是一致的，除此之外还有如下指标：

（1）阻值变化规律。它是指电位器旋转角度（或行程）与作为分压器使用时输出电压的关系。常见电位器的阻值变化规律有线性变化型、指数变化型、对数变化型。

（2）滑动噪声。当电刷在电阻体上滑动时，电位器中心端与固定端之间的电压出现无规则的起伏，这种现象称为电位器的滑动噪声。它是由材料电阻率分布的不均匀以及电刷滑动时接触电阻的无规律变化引起的。

（3）分辨力。对输出量可实现的最精细的调节能力。线绕电位器的分辨力较差。

（4）稳定性。衡量电位器在外界条件（如温度、湿度、电压、时间、负荷性质等）作用下电阻变化的程度。

（5）机械耐久性。通常以旋转（或滑动）多少次为标志，是表示电位器使用寿命的指标。

3.1.3　电阻值测量

1. 万用表测量

① 将功能开关转至"Ω"挡。

② 选择适当的倍率挡。

面板上："×1，×10，×100，×1k，×10k"的符号表示倍率数，表头的读数乘以倍率数就是所测电阻的阻值。在使用万用表进行测量直流电阻时，要根据所测量的范围，选择适当的倍率数，使指针指示在刻度较稀的部位，即标度尺的中心偏右的位置。在进行测量直流电阻时，越是接近刻度盘中心点，量出来的数值越准确，指针所指的越是偏左，所得出的读数准确性越差。例如，测 100 Ω 的电阻，可用"$R \times 1$"挡来测，但用"$R \times 10$"这一挡测量的数值更准确。

③ 进行欧姆"调零"。

为减小测量中的误差，在测量电阻之前，首先将两根测试棒"短接"（即碰在一起），并同时旋转调零旋钮，使指针正好指在"Ω"标度尺上的零位。

注意：如果旋转欧姆调零旋钮无法使指针达到零位，这证明万用表电池的电压过低，已不符合要求，应立即更换新电池。

2. 直观法确定电阻值

① 观察电阻器的色环确定被测电阻值。

② 观察电阻器的文字标注确定被测电阻值。

注意：若电阻上的标注模糊不清，需用万用表测量来确定。

3.1.4　固定电阻器的选择和使用

（1）根据电子设备的技术指标和电路的具体要求选用电阻器的标称阻值和误差等级。

（2）选用电阻器的额定功率必须大于实际承受功率的 2 倍。

（3）在高增益前置放大电路中，应选用噪声电动势小的金属膜电阻器、金属氧化膜电阻器、线绕电阻器和碳膜电阻器等。线绕电阻器分布参数较大，不宜用于高频前置电路中。

（4）根据电路的工作频率选择电阻器的类型。RX 型线绕电阻的分布电感和分布电容都比较大，只适用于频率低于 50 kHz 的电路中；RH 型合成膜电阻器和 RS 型有机实芯电阻器可在几十兆赫的电路中工作；RT 型碳膜电阻器可用于 1 000 MHz 左右的电路中；而 RJ 型金属膜电阻器和 RY 型氧化膜电阻器可在高达数百兆赫的高频电路中工作。

（5）根据电路对温度稳定性要求，选择温度系数不同的电阻器。线绕电阻器的温度系数小，阻值最为稳定。金属膜、金属氧化膜、玻璃釉膜电阻器和碳膜电阻器都具有较好的温度特性，适合于稳定度要求较高的场合。实芯电阻器温度系数较大，不宜用于温度稳定性要求较高的电路中。

3.2　电　容　器

【技能目标】

（1）熟悉电容器的类别、型号、规格及主要性能；

（2）会根据用途正确选用电容器；

（3）会电容器的简易测试方法。

【知识要点】

电容器是一种储能元件，在两个电极之间加上电压时，电极上会储存电荷。电容器在电路中用于滤波、隔直、调谐、耦合交流、交流旁路和能量转换等。

【实训器材】

不同类型规格、形式的电容器若干；万用表 1 只。

3.2.1　电容器的分类

电容器按介质不同，可分为空气介质电容器、纸质电容器、有机薄膜电容器、瓷介电容器、玻璃釉电容器、云母电容器和电解电容器等；按结构不同，可分为固定电容器、半可变电容器和可变电容器等。

1）固定电容器

固定电容器的容量是不可调的。常用的几种固定电容器的外形和图形符号如图 3.5 所示。

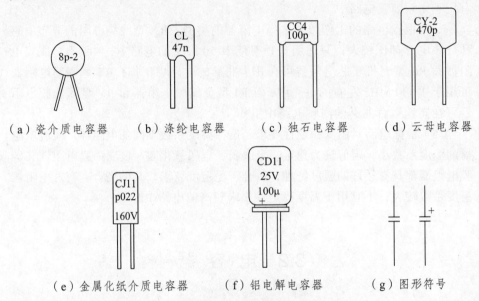

（a）瓷介质电容器　　　（b）涤纶电容器　　　（c）独石电容器　　　（d）云母电容器

（e）金属化纸介质电容器　　　（f）铝电解电容器　　　（g）图形符号

图 3.5　常用固定电容器的外形和图形符号

2）半可变电容器

半可变电容器又称微调电容器或补偿电容器。其特点是容量可在小范围内变化，可变容量通常在几皮法至几十皮法之间，最高可达 100 pF（陶瓷介质时）。常用半可变电容器的外形和图形符号如图 3.6 所示。

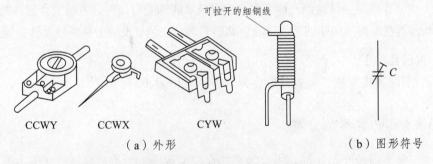

CCWY　　　CCWX　　　CYW

（a）外形　　　　　　　　　　　　（b）图形符号

图 3.6　常用半可变电容器的外形和图形符号

3）可变电容器

可变电容器的容量可在一定范围内连续变化，它由若干片形状相同的金属片并接成一组（或几组）定片和一组（或几组）动片。动片可以通过转轴转动，以改变动片插入定片的面积，从而改变电容量，其介质有空气、有机薄膜等。可变电容器有"单联"、"双联"和"三联"之分。单、双联可变电容器的外形及电路符号如图 3.7 所示。

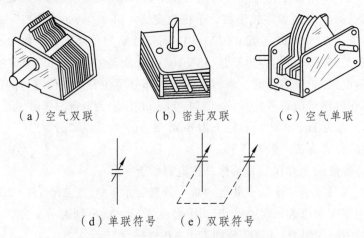

（a）空气双联　　　（b）密封双联　　　（c）空气单联

（d）单联符号　　（e）双联符号

图 3.7　单、双联可变电容器外形及电路符号

3.2.2　电容器的主要性能指标

1. 标称容量与允许误差

电容器的容量表示电容储存电荷的能力，单位是 F（法拉）、μF（微法）、nF（纳法）、pF（皮法），它们之间的关系是：$1\ F = 10^6\ \mu F = 10^9\ nF = 10^{12}\ pF$。

标称容量是标志在电容器上的名义电容量，常用电容器容量的标称值系列如表 3.4 所示。任何电容器的标称容量都满足表 3.4 中数据乘以 10^n（n 为整数）。

表 3.4　常用电容器容量的标称值系列

电容器类别	标称值系列
高频纸介质、云母介质、玻璃釉介质、高频（无极性）有机薄膜介质	1.0，1.1，1.2，1.3，1.5，1.6，1.8，2.0，2.2，2.4，2.7，3.0，3.3，3.6，3.9，4.3，4.7，5.1，5.6，6.2，6.8，7.5，8.2，9.1
纸介质、金属化纸介质、复合介质、低频（有极性）有机薄膜介质	1.0，1.5，2.0，2.2，3.3，4.0，4.7，5.0，6.0，6.8，8.0
电解电容器	1.0，1.5，2.2，3.3，4.7，6.8

实际电容器的容量与标称值之间的最大允许偏差范围，称为电容量的允许误差。

一般电容器的容量及误差都标志在电容器上。体积较小的电容器常用数字和文字标志。采用数字标志容量时用 3 位整数，第一、二位为有效数字，第三位表示有效数字后面加零的个数，单位为皮法（pF）。例如，"223"表示该电容器的容量为 22 000 pF（或 0.022 μF）。需要注意的是当第三个数为 9 时是个特例，如"339"表示的容量不是 33×10^9 pF，而是 33×10^{-1} pF（即 3.3 pF）。采用文字符号标志电容量时，将容量的整数部分写在容量单位符号的前面，小数部分写在容量单位符号的后面。例如，0.68 pF 标志为 p68，3.3 pF 标志为 3p3，1 000 pF 标志为 1n，6 800 pF 标志为 6n8，2.2 μF 标志为 2μ2。

误差的标志方法一般有 3 种：

① 将容量的允许误差直接标志在电容器上。

② 用罗马数字"Ⅰ"，"Ⅱ"，"Ⅲ"分别表示 ±5%，±10%，±20%。

③ 用英文字母表示误差等级。用 J，K，M，N 分别表示 ±5%，±10%，±20%，±30%；用 D，F，G 分别表示 ±0.5%，±1%，±2%。

电容器的容量及误差除按上述方法标志外，也可采用色标法来标志。电容器的色标法原则上与电阻器色标法相同，单位为 pF（皮法）。

2. 额定工作电压

额定工作电压是指电容器在规定的工作温度范围内，长期、可靠地工作所能承受的最高电压（又称耐压值）。常用固定式电容器的耐压值有：1.6 V，4 V，6.3 V，10 V，16 V，25 V，35 V（*），40 V，50 V（*），63 V，100 V，125 V，160 V，250 V，300 V（*），400 V，450 V（*），500 V，630 V，1 000 V 等，其中有"*"符号的只限于电解电容器用。耐压值一般都直接标在电容器上，但也有些电解电容器在正极根部标上色点来代表不同的耐压等级，如棕色表示耐压值为 6.3 V，红色代表 10 V，灰色代表 16 V 等。

3.2.3 电容器的选用及使用注意事项

1. 电容器的选用方法

（1）根据电路要求选用合适的类型。一般在低频耦合或旁路、电气特性要求较低时，可选用纸介、涤纶电容器；在高频高压电路中，应选用云母电容器和瓷介电容器；在电源滤波和退耦电路中，可选用电解电容器。

（2）容量及精度的选择。在振荡回路、延时回路、音调控制等电路中，电容器容量应尽可能与计算值一致。在各种滤波器及网络中（如选频网络），电容器的容量要求精确，其误差值应小于 ±0.3%～±0.5%。在退耦电路、低频耦合等电路中对容量及精度要求都不太严格，选用时可比要求值略大些即可，误差等级可选 ±5%，±10%，±20%，±30% 等。

（3）耐压值的选择。选用电容器的额定电压应高于实际工作电压，并要留有足够的余地。一般选用耐压值为实际工作电压的 2 倍以上的电容器。某些铁电陶瓷电容器的耐压值只是对低频时适用，高频时虽未超过其耐压值，电容器也有可能被击穿，使用时应特别注意。

（4）优先选用绝缘电阻高、损耗小的电容器，还应注意使用的环境条件。

2. 使用注意事项

（1）电容器在使用前应先检查外观是否完整无损，引线是否有松动或折断，型号规格是否符合要求，然后用万用表检查电容器是否击穿短路或漏电电流过大。

（2）若现有的电容器和电路要求的容量或耐压不符合，可以采用串联或并联的方法来解决。但注意：两个工作电压不同的电容器并联时，耐压值由低的那只决定；两个容量不同的电容器串联时，容量小的电容器所承受的电压高于容量大的电容器。一般不宜用多个电容器并联来增大等效容量，因为电容器并联后，损耗也随着增大。

（3）电解电容器在使用时不能将正、负极接反，否则会损坏电容器。另外电解电容器一般工作在直流或脉动电路中，安装时应远离发热元件。

（4）可变电容器在安装时一般应将动片接地，这样可以避免人手转动电容器转轴时引入干扰。用手将转轴向前、后、左、右、上、下等各个方向推动，不应有任何松动的感觉；旋转转轴时，应感到十分顺畅。

（5）电容器安装时其引线不能从根部弯曲。焊接时间不应太长，以免引起性能变坏甚至损坏。

3.2.4　电容器的简单测试方法

常用的电容器检测仪器有电容测试仪、交流电桥、Q 表（谐振法）和万用表。这里介绍利用万用表的欧姆挡对电容器进行简单测试的方法。

1. 电解电容器的测试

（1）测电容器漏电电流。将万用表置于"R×1k"或"R×100"挡，用黑表笔接电容器的正极，红表笔接电容器的负极，此时表针迅速向右摆动，然后慢慢退回。待表针不动时指示的电阻值越大，表示漏电电流越小，表针摆动范围大说明电容器电容量大。若表针摆动至零附近不返回，则说明该电容器已击穿；若表针不摆动，则说明该电容器已开路、失效。

（2）判断电容器的正负引线。一些耐压较低的电解电容器，如果正、负引线标志不清时，可根据它正接时漏电电流小（电阻值大），反接时漏电电流大的特性来判断。具体方法是：用红、黑表笔接触电容器的两引线，记住漏电电流（电阻值）的大小（指针回摆并停下时所示的阻值），然后把该电容器的正、负引线短接一下，将红、黑表笔对调后再测漏电电流。以漏电电流小的示值为标准进行判断，与黑表笔相接的引线为电容器的正端。

2. 非电解电容器的测试

将万用表置于"$R \times 10\,k$"挡，用两表笔分别接电容器两引脚，测得电阻越大越好，一般在几百千欧至几千千欧，若测得电阻很小甚至为 0，说明电容器已短路。测大于 5 000 pF 以上的电容器时，表针会快速摆动一下，然后返回电阻无穷大位置附近，表笔换接，摆动的幅度比第一次更大，然后又复原，说明该电容器是好的。电容器的容量越大，测量时万用表表针摆动越大。

3. 可变电容器的检查

主要是用万用表电阻挡检查动、定片之间是否碰片。用红、黑表笔分别接动片和定片，旋转轴柄，若万用表表针不动，说明动、定片之间无短路（碰片处）；若指针摆动，说明电容器有短路的地方。

3.3 电 感 器

【技能目标】

（1）熟悉电感器的类别；

（2）会测试和选用电感器。

【知识要点】

电感器又称电感线圈，是用漆包线在绝缘骨架上绕制而成的器件，它在电路中具有滤波、阻交流通直流、谐振等作用。

【实训器材】

不同类型规格、形式的电感若干；万用表 1 只。

3.3.1 电感器的分类

电感器按电感量是否可调来分，有固定电感器、可变电感器和微调电感器；按导磁体性质来分，有带磁芯和不带磁芯的电感器；按绕线结构来分，有单层线圈、多层线圈和蜂房式线圈。常用电感器的符号如图 3.8 所示。

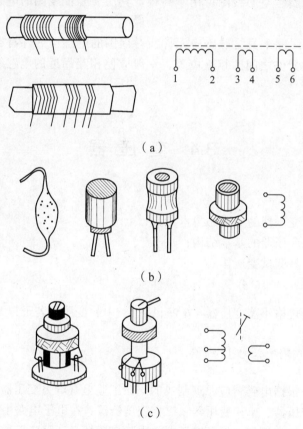

（a）

（b）

（c）

图 3.8 电感器及其符号

3.3.2 电感器的简单检测方法和选用

1. 电感器的简单检测方法

首先从外观上检查，看线圈有无松散、发霉，引脚是否有折断；然后用万用表测量，若直流电阻为无穷大，说明线圈内或线圈与引出线间已经断路；若直流电阻比正常值小很多，说明线圈内有局部短路；若直流电阻为零，则说明线圈被完全短路。具有金属屏蔽罩的线圈，还需测量它的线圈和屏蔽罩间是否有短路。

2. 电感器的选用和使用常识

（1）在选电感器时，首先应明确其使用频率范围。铁芯线圈只能用于低频；铁氧体线圈、空心线圈可用于高频。其次要弄清线圈的电感量和适用的电压范围。

（2）电感线圈本身是磁感应元件，对周围的电感性元件有影响，安装时要注意电感性元件之间的相互位置，一般应使相互靠近的电感线圈的轴线互相垂直。

3.4 变 压 器

【技能目标】

（1）熟悉变压器的类别、技术参数；

（2）熟悉变压器的基本结构；

（3）会简易测试变压器。

【实训器材】

不同类型规格小型变压器（6 W 以下）、中频变压器若干；万用表 1 只。

3.4.1 变压器的分类与符号

变压器是根据电磁感应原理制成的。在工业上有电力变压器、专用电源变压器、控制变压器、单相变压器、三相变压器等；在电子电路中一般按用途把变压器分为电源变压器、低频变压器、中频变压器、高频变压器和脉冲变压器等。常见的高频变压器有电视接收机中的天线阻抗变压器、收音机中的天线线圈、振荡线圈。中频变压器有超外差式收音机中频放大电路用的变压器、电视机中频放大电路用的变压器。常见的低频变压器包括输入变压器、输出变压器、线间变压器和耦合变压器等。电子电路中常见变压器的图形符号如图 3.9 所示。

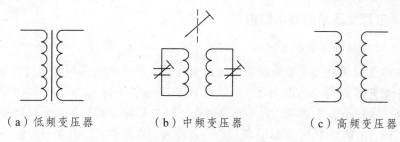

（a）低频变压器　　　　（b）中频变压器　　　　（c）高频变压器

图 3.9　常见变压器的图形符号

3.4.2　变压器的主要技术参数

（1）额定容量：指在规定的频率和电压下，变压器能长期工作而不超过规定温升时的最大输出视在功率，单位为 V・A。

（2）电压比：变压器的一次侧额定电压与二次绕组空载电压的比值。

（3）变压器的效率：指在额定负载时变压器的输出功率和输入功率的比值，即

$$\eta = \frac{P_2}{P_1} \times 100\%$$

式中，η 为变压器的效率；P_1 为变压器输入功率；P_2 为变压器输出功率。

（4）温度等级和温升：电源变压器工作时有不同程度的发热现象，必须根据其所用绝缘材料相应地规定它的允许工作温度，一般为 105 ℃ ~ 180 ℃；特殊环境下使用的高温变压器工作温度可达 250 ℃ ~ 500 ℃，甚至更高。

变压器的温升是指变压器工作发热后，温度上升到稳定值时比周围的环境温度所高出的数值，它决定变压器绝缘系统的寿命。

（5）频率响应：反映变压器传输不同频率信号的能力。要求用于传输信号的变压器对信号的规定频带宽度内的不同频率分量的信号电压能均匀而不失真地传输。

（6）绝缘电阻：表征变压器绝缘性能的一个参数，包括绕组与绕组间、绕组与铁芯间、绕组与外壳间的绝缘电阻值。

3.4.3　变压器的基本结构

变压器的外形各异，但基本结构都是由铁芯、骨架、绕组及紧固零件等组成的。

1. 电源变压器的基本结构

1）磁性材料（铁芯）

铁芯是构成磁路的重要部件。电源变压器的铁芯大多采用硅钢材料制成，按制作工艺不同可分为两大类：一类是冷轧硅钢带（板），它具有高磁导率、低损耗、体积小、重量轻且效率高等特点，如 C 形铁芯就是采用冷轧硅钢带卷绕制成的，由两个 C 形铁芯组成一套铁芯称为 CD 形铁芯，由 4 个 C 形铁芯组成一套铁芯称为 ED 形铁芯，目前这种铁芯已得到广泛的应用。另一类是热轧硅钢板，它的性能比冷轧的低，常见的有"E"形、"口"形硅钢片。"口"形铁芯的绝缘性能好，易于散热，磁路短，主要用于 500～1 000 W 的大功率变压器中。几种常见电源变压器的外形如图 3.10 所示。

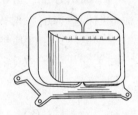

（a）开敞直立式 　　（b）CD 形铁芯电源变压器 　　（c）ED 形铁芯电源变压器

图 3.10　常见电源变压器的外形

2）骨　架

骨架是变压器绕组的支撑架，一般常用青壳纸、胶纸板、胶布板或胶本化纤维板制成。要求它具有足够的机械强度和绝缘强度。骨架结构如图 3.11 所示，可分为底筒和侧板两部分，其制作步骤是先制作底筒，再装上侧板并用胶水粘牢，注意线圈框的尺寸，避免过大或过小。

3）绕　组

小功率变压器的绕组一般用漆包线绕制。低电压大电流的线圈，采用纱包粗铜线或扁铜线缠绕。为使变压器的绝缘不被击穿，线圈的各层间应衬薄的绝缘纸，绕组间衬垫耐压强度更高的绝缘材料，如青壳纸、黄蜡布或黄蜡绸。

线圈排列顺序通常是一次侧绕在里面，二次侧绕在外面，若二次侧有几个绕组，一般将电压较高的绕在里面，然后绕制低电压绕组。为了散热，线圈和窗口之间应留 1～3 mm 的空隙。线圈的引线最好用多股绝缘软线，并用各种颜色予以区别。

4）固定装置

变压器线圈插入铁芯以后，必须将铁芯夹紧。常用的方法是用夹板条夹上，再用螺钉插入硅钢片上预先冲好的孔之中，然后将螺母拧紧，如图 3.12 所示。另外，螺钉插入铁芯的那一段最好加上绝缘套管，以免螺钉将硅钢片短路，形成较大的涡流。在小功率变压器中，常用 U 形夹子将铁芯夹紧。

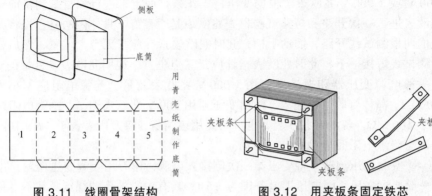

图 3.11　线圈骨架结构　　　　　　图 3.12　用夹板条固定铁芯

5）静电屏蔽层

用于无线电设备中的电源变压器通常应加静电屏蔽层。静电屏蔽层是在一、二次线圈之间用铜箔、铅箔或漆包线缠绕一层，并将其一端接地，这样可将从电力网进入变压器一次线圈的干扰电波通过静电屏蔽层直接入地，从而有效地抑制它的干扰。

2. 中频变压器的基本结构

中频变压器又称中周，工作于收音机或电视机的中频放大电路中。中频变压器的外形及内部结构如图 3.13 所示，由磁帽、磁芯、支架、屏蔽罩和绕组等组成。绕组直接绕在"工"字形磁芯上，铁芯固定在底座中央，外套支架，调节磁帽可使其在支架内旋转，从而改变电感量以及绕组与绕组之间的耦合度。中频变压器的主要性能参数有电压传输系数、选择性、通频带、Q 值等。常见的收音机中频系列有 TTF-1 系列、TTF-2 系列和 TTF-3 系列等，磁帽上标有各种不同的颜色以区分不同系列。

图 3.13　中频变压器

3.4.4　变压器的检查与简单测试

（1）外观检查。检查线圈引线是否断线、脱焊，绝缘材料是否烧焦，有无表面破损等。

（2）直流电阻的测量。变压器的直流电阻通常很小，用万用表的"$R \times 1$"挡测变压器的一、二次绕组的电阻值，可判断绕组有无断路或短路现象。

（3）绝缘电阻的测量。变压器各绕组之间、绕组和铁芯之间的绝缘电阻可用 500 V 或 1 000 V 兆欧表（根据变压器工作条件而定）进行测量。测量前先将兆欧表进行一次开路和短路试验检查兆欧表是否良好。具体做法是：先将兆欧表的两根测试线开路，摇动手柄，此时兆欧表指针应指无穷大位置，然后将两根测试线短接一下，此时兆欧表指针应指零点位置，说明兆欧表是良好的。

一般电源变压器和扼流圈应用 1 000 V 兆欧表测量，绝缘电阻应不小于 1 000 MΩ。晶体管收音机输入、输出变压器用 500 V 兆欧表测量，绝缘电阻应不小于 100 MΩ。若没有兆欧表，也可用万用表测量，将万用表置于"$R \times 10k$"挡，测量绝缘电阻时表头指针应不动。

（4）空载电压测试。将变压器一次侧接入电源，用万用表测变压器输出电压。一般要求高压线圈电压误差范围为 ±5%；具有中心抽头的绕组，其不对称度应小于 2%。

（5）温升。对小功率电源变压器，让变压器在额定输出电流下工作一段时间，然后切断电源，用手摸变压器的外壳，若感觉温热，则表明变压器温升符合要求；若感觉非常烫手，则表明变压器温升指标不符合要求。普通小功率变压器允许温升是 40 ℃ ~ 50 ℃。

3.5 交流接触器

【技能目标】

（1）掌握交流接触器的选用原则；

（2）会安装和维修交流接触器。

【知识要点】

交流接触器是用来频繁地、远距离通断主电路的控制电器，其型号主要有 CJ0，CJ10，CJ12，CJ20 等系列。

【实训器材】

CJ0，CJ10，CJ12，CJ20 各一只；万用表 1 只。

3.5.1 交流接触器的安装

CJ0-20 接触器结构如图 3.14 所示，接线方法如图 3.15 所示。

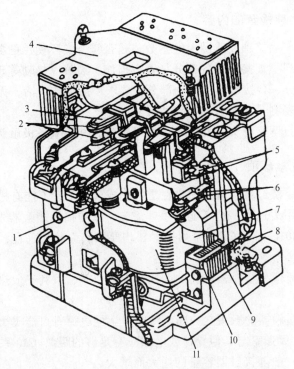

1—反作用弹簧；2—主触头；3—触头压力弹簧片；4—灭弧罩；5—辅助动断（常闭）触头

6—辅助动合（常开）触头；7—动铁芯；8—缓冲弹簧；9—静铁芯

10—短路环；11—线圈

图 3.14　CJ0-20 交流接触器

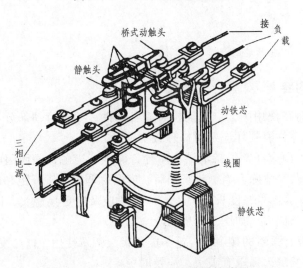

图 3.15　CJ0-10 交流接触器接线图

1. 安装之前检查的内容

（1）检查产品铭牌及线圈上的参数，是否符合实际使用的要求。

（2）从外观检查接触器各部分是否有损伤、裂痕、松动等现象。

（3）用手分、合接触器的活动部分，要求产品动作灵活，无卡阻、歪扭等现象。用万用表测量各触头的工作情况。

（4）检查与调整触头的开距、压力等参数，并检查各极触头的同步情况。

2. 安装注意事项

（1）一般用螺钉将接触器固定在支架上或底板上，不能有松动现象，固定时应注意不能用力过猛，更不能用手锤敲击，以防损坏接触器外壳。

（2）对 CJ0 系列和 CJ10 系列接触器均要求底面与地垂直，倾斜度不得超过 5°。

（3）安装时应使接触器有孔的两面在上下位置，以利于散热，降低吸引线圈的温度。

（4）由于接触器的触头在分断电流时产生的电弧有可能飞出灭弧室，所以为了安全起见，灭弧室与其他导体或电器应有足够的距离。CJ0 系列约需 50 mm 以上，该距离一般随接触器容量的增大而增大。

（5）安装面的振动幅度不得大于 0.5 mm，频率不应大于 600 次/分。

（6）在接触器接线时，应注意勿使各螺钉、垫圈、接线头等零件落入接触器内部，以免引起卡阻和短路现象，同时，应将螺钉拧紧，以防振动松脱，导线脱出。

3.5.2 交流接触器的维护与检修

1. 维护内容

① 接触器在使用中，应定期检查其各部件，要求可动部分不卡阻，紧固部分不松动，零件有损坏应及时修理或更换。

② 触头表面应经常保持清洁，不允许涂油。当触头表面因电弧作用而形成毛刺时，要及时清除。当触头磨损后，应及时调整触头开距和超程，检查方法如图 3.16 所示。当厚度只剩下 1/3 ～ 1/2 时应及时更换触头，同时，必须定期检查触头的终压力，如图 3.17 所示。

③ 原来带有弧罩的接触器，绝不能不带灭弧罩使用，以防发生电弧短路，导致事故。如发现灭弧罩有破裂，应及时更换。

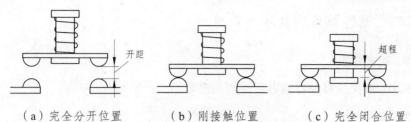

（a）完全分开位置　　　（b）刚接触位置　　　（c）完全闭合位置

图 3.16　触头开距与超程检修

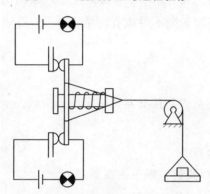

图 3.17　桥式触头终压力测试

2. 接触器常见故障的检修

接触器电磁系统的故障及排除方法如表 3.5 所示。

表 3.5　接触器电磁系统的故障现象及排除方法

故障现象	可能故障原因	排除方法
触头不释放或释放缓慢	1. 铁芯截面有油污或尘埃粘着 2. E 形铁芯剩磁大，铁芯释放不及时	1. 消除污垢 2. 更换铁芯
接触器有像变压器的响声	1. 电源电压过低，触头、衔铁吸不牢 2. 衔铁与铁芯接触不良，有杂物 3. 短路环损坏、断裂 4. 弹簧压力过大，活动部分受卡阻	1. 调整电源电压 2. 清理铁芯截面 3. 调换铁芯或短路环 4. 更换弹簧、消除卡阻故障
线圈过热	1. 电源电压过高 2. 电源电压过低，线圈电流过大 3. 线圈技术参数与使用条件不符合 4. 接触器动作过频，连接承受大电流冲击	1. 更换线圈 2. 更换线圈 3. 更换线圈或接触器 4. 更换线圈或接触器

3.5.3 交流接触器的故障与检修

1）故障现象

CJ10-20 交流接触器通电后，触头吸合不牢产生噪音。

2）故障分析

产生噪声的原因有三种：第一，可能是电磁线圈的电压小于其额定值；第二，可能是动、静铁芯接触面不平或有污垢；第三，可能是静铁芯上的短路环断裂。

3）故障检修

首先检查电源电压是否与接触器的额定电压一致，若不一致，更换接触器，然后再检修接触器。

（1）拆卸步骤如下：

① 松开灭弧罩紧固螺钉，取下灭弧罩。

② 取下主触点压力弹簧及主触点。

③ 取下常开静触点。

④ 取下接触器底面的盖板。

⑤ 取出静铁芯及缓冲弹簧绝缘纸片。

⑥ 取下静铁芯支架及缓冲弹簧。

⑦ 取下线圈。

⑧ 取下反作用弹簧。

⑨ 抽出动铁芯及支架。

（2）检修步骤如下：

① 检查动、静铁芯两接触面是否平整，若不平整，可用锉刀修整。

② 检查动、静铁芯两接触面是否有污垢，若有污垢，可用浸汽油的净布擦去。

③ 检查静铁芯上短路环是否断裂，若有断裂，应立即更换。

（3）装配。按拆卸的逆顺序装配。

（4）装配完毕，检查紧固螺钉是否有遗漏，各触点接触是否良好，运动部件有无卡滞现象，然后通电试车。

3.6 半导体二极管

【技能目标】

（1）练习半导体器件手册的查阅，熟悉半导体器件的类别、型号、规格及主要性能；

（2）熟悉各种半导体器件的外形及引脚排列规律，掌握识别方法；

（3）掌握用万用表检测半导体器件的方法。

【实训内容】

（1）观看样品，熟悉二极管的外形和标志。

（2）半导体二极管的识别和检测：

① 查阅半导体器件手册，列出所给半导体二极管和三极管的类别、型号及主要参数。

② 用万用表判别所给二极管的极性及质量好坏，记录万用表的型号、挡位及测得的二极管正反向电阻值。

【实训器材】

半导体器件手册；不同类型、规格的半导体器件若干；万用表 1 只。

3.6.1 半导体二极管的分类与电路符号

半导体二极管是由一个 PN 结加上引线及管壳组成的。二极管按材料不同分为硅二极管、锗二极管；按结构不同分为点接触二极管和面接触二极管；按用途不同分为整流二极管、检波二极管、稳压二极管、发光二极管等。常用二极管的外形及图形符号如图 3.18 所示。

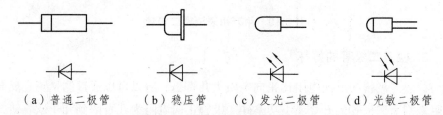

（a）普通二极管　　（b）稳压管　　（c）发光二极管　　（d）光敏二极管

图 3.18　常用二极管的外形及图形符号

3.6.2　一般二极管的简单测试

1. 判别二极管的正、负极

普通二极管一般有玻璃封装和塑料封装两种，它们的外壳上均印有型号和标记。标记有箭头、色点、色环三种，箭头所指方向或靠近色环的一端为阴极，有色点的一端为阳极。若遇到型号和标记不清楚时，可用万用表的欧姆挡进行判别，主要是利用二极管的单向导电性，其反向电阻远大于正向电阻。万用表欧姆挡一般选在 "$R \times 100$" 或 "$R \times 1k$" 挡，测量时两表笔分别接被测二极管的两个电极，如图 3.19（a），（b）所示。若测出的电阻值为几百欧到几千欧（对锗二极管为 $100\ \Omega \sim 1\ \text{k}\Omega$），说明是正向电阻，这时黑表笔接的是二极管的正极，红表笔接的是二极管的负极；若电阻值在几十千欧到几百千欧，即为反向电阻，此时红表笔接的是二极管的正极，黑表笔接的是二极管的负极。

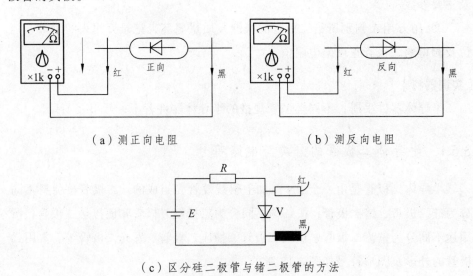

（a）测正向电阻　　　　　　　　　　（b）测反向电阻

（c）区分硅二极管与锗二极管的方法

图 3.19　用万用表测量二极管

2. 检查二极管的好坏

一般二极管的反向电阻比正向电阻大几百倍，所以可以通过测量正、反向电阻来判断二极管的好坏。小功率硅二极管正向电阻为几百欧到几千欧，锗二极管为 $100 \sim 1\ 000\ \Omega$，表 3.6 可作为判断二极管好坏的参考。

表 3.6　判断二极管好坏的参考值

正向电阻	反向电阻	管子好坏
100 Ω 至几千欧	几十千欧至几百千欧	好
0	0	短路损坏
无穷大	无穷大	开路损坏
正、反向电阻比较接近		管子失效

3. 判别硅管、锗管

如果不知道被测的二极管是硅管还是锗管，可借助于图 3.19（c）所示电路来判断。图中电源电动势 E 为 1.5 V，R 为限流电阻（检波二极管 R 可取 200 Ω，其他二极管只可取 1 kΩ），用万用表测量二极管正向压降，硅二极管一般为 0.6 ~ 0.7 V，锗管为 0.1 ~ 0.3 V。

3.6.3　一般二极管的选用

选二极管时不能超过它的极限参数，即最大整流电流、最高反向工作电压、最高工作频率、最高结温等，并留有一定的余量。此外，还应根据技术要求进行选择：

① 当要求反向电压高、反向电流小、工作温度高于 100 ℃ 时应选硅管。需要导通电流大时，应选面接触型硅管。

② 要求导通压降较低时选锗管，工作频率较高时，选点接触型二极管（一般为锗管）。

3.7　半导体三极管

【技能目标】

（1）熟悉三极管类别、型号；

（2）熟悉三极管外形及引脚排列规律，掌握识别方法；

（3）掌握用万用表检测半导体器件的方法。

【实训内容】

实训用仪表及材料：

（1）观看样品，熟悉三极管的外形和标志。

（2）用万用表判别所给三极管的管脚类型。用万用表 h_{FE} 挡测量比较不同三极管的电流放大系数，并作测试记录。

【实训器材】

半导体器件手册；不同类型、规格的三极管若干；万用表 1 只。

3.7.1 半导体三极管的外形、分类、符号及管脚分布

三极管按所用半导体材料不同分为硅管和锗管；按结构不同分为 NPN 管和 PNP 管；按用途不同分为低频管、中频管、高频管、超高频管、大功率管、中功率管、小功率管和开关管等；按封装方式分为玻璃壳封装管、金属壳封装管、塑料封装管等。常用三极管的外形和符号如图 3.20 所示。

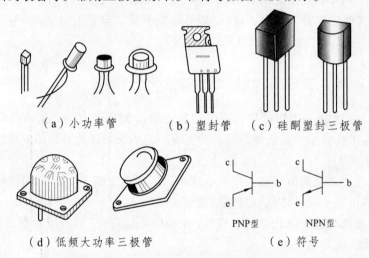

（a）小功率管　　（b）塑封管　　（c）硅酮塑封三极管

（d）低频大功率三极管　　　　（e）符号

图 3.20　三极管的外形与符号

三极管的电极 e，b，c 识别方法如图 3.21 所示。大功率三极管外形一般分为 F 型和 G 型两种，它们的电极排列如图 3.22 所示。

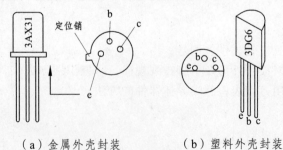

（a）金属外壳封装　　　　（b）塑料外壳封装

图 3.21　三极管电极识别

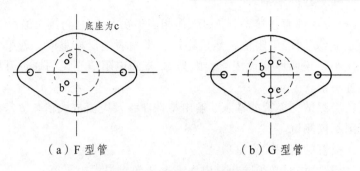

（a）F 型管　　　　　　　　　（b）G 型管

图 3.22　大功率三极管管脚识别

3.7.2　三极管的简单测试

用万用表可以判断三极管的电极、类型及好坏。测量时一般将万用表置欧姆挡"$R \times 100$"或"$R \times 1k$"。

（1）判断基极 b 和三极管的类型。先假设三极管的某极为"基极"，将黑表笔接在假设的基极上，再将红表笔依次接到其余两个电极上，若两次测得的电阻都很大（约为几千欧到十几千欧）或者都很小（约为几百欧至几千欧），则对换表笔再重复上述测量；若测得两个电阻值相反（都很小或都很大），则可确定假设的基极是正确的。否则假设另一电极为"基极"，重复上述的测试，以确定基极。若无一个电极符合上述测量结果，说明三极管已坏。

当基极确定后，将黑表笔接基极，红表笔分别接其他两极，若测得的电阻值都很小，则该三极管为 NPN 型，反之则为 PNP 型。

（2）判断集电极 c 和发射极 e。以 NPN 型为例，测试电路如图 3.23 所示。把黑表笔接到假设的集电极 c 上，红表笔接到假设的发射极 e 上，并用手捏住

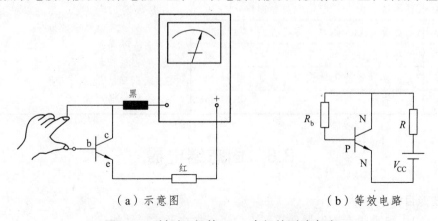

（a）示意图　　　　　　　　　（b）等效电路

图 3.23　判别三极管 c，e 电极的测试电路

77

b 和 c 极（b，c 不能直接接触，通过人体相当于在 b，c 之间接入偏置电阻），读出表头所示 c，e 间的电阻值，然后将红，黑两表笔反接重测。若第一次电阻值比第二次小，说明原假设成立，因为 c，e 间电阻值小说明通过万用表的电流大，偏置正常。

若要精确测试三极管的输入、输出特性曲线及电流放大倍数 β 等参数，可用晶体管图示仪测试。

（3）三极管的使用注意事项：

① 三极管工作时必须防止其电流、电压超出最大极限值。

② 选用三极管主要应注意下述参数：P_{CM}，I_{CM}，$U_{(BR)CEO}$，$U_{(BR)CBO}$，β，f_T 和 f_β。因有 $U_{(BR)CBO} > U_{(BR)CES} > U_{(BR)CER} > U_{(BR)CEO}$，因此，只要 $U_{(BR)CEO}$ 满足要求就可以了。一般高频工作时要求 $f_T = (5\sim10)f$（f 为工作频率）。开关电路则应考虑三极管的开关参数。

③ 管子的基本参数相同可以代换，性能高的可代换性能低的。通常锗、硅管不能互换。

④ 三极管安装时应避免靠近发热元件并保证管壳散热良好。大功率管应加散热片（磨光的紫铜板或铝板），散热装置应垂直安装，以利于空气自然对流。

3.7.3 实训考核评分标准

实训考核评分标准如表 3.7 所示。

表 3.7 实训考核评分标准

序号	项　目	分值	考核标准
1	电阻器、电容器的识别与检测	20	在每个实训项目中，达到以下要求可得满分，否则适当扣分
2	电感器和变压器的识别与检测	20	1. 会查阅手册
3	半导体器件的识别与检测	20	2. 能正确识别器件的类型、标志
4	交流接触器的正确选用与安装	20	3. 能正确使用仪表进行检测
5	实训报告	20	4. 实训报告质量高

3.8　固态继电器

【技能目标】

（1）熟悉固态继电器的类别、型号、规格及主要性能；

（2）了解各种固态继电器的外形和标志，掌握识别方法；

（3）掌握常用固态继电器的选型，了解其应用与检修。

【实训器材】

固态继电器若干；万用表一只；100 W 电灯一只；直流电源一台。

固体继电器（亦称固态继电器）英文名称为 Solid State Relay，简称 SSR。固态继电器（SSR）是一种全电子电路组合的元件，它依靠半导体器件和电子元件的电磁和光特性来完成其隔离和继电切换功能。固态继电器与传统的电磁继电器相比，是一种没有机械、不含运动零部件的继电器，但具有与电磁继电器本质上相同的功能。常用固态继电器如图 3.24 所示。

（a）三相固态继电器　　　　　　　　（b）单相固态继电器

图 3.24　常用固态继电器外形

3.8.1　固态继电器组成及工作原理

1. 固态继电器组成

固态继电器由三部分组成：输入电路、隔离（耦合）和输出电路。按输入电压的不同类别，输入电路可分为直流输入电路，交流输入电路和交直流输入电路三种。有些输入控制电路还具有与 TTL/CMOS 兼容、正负逻辑控制和反相等功能。固态继电器的输入与输出电路的隔离和耦合方式有光电耦合和变压器耦合两种。固态继电器的输出电路也可分为直流输出电路、交流输出电路和交直流输出电路等形式。交流输出时，通常使用两个可控硅或一个双向可控硅，直流输出时可使用双极性器件或功率场效应管。

2. 固态继电器工作原理

SSR 按使用场合不同可以分为交流型和直流型两大类，它们分别在交流或直流电源上作负载的开关，不能混用。下面以交流型的 SSR 为例来说明其工作原理。图 3.25 是其工作原理电路图，图 3.26 是其工作原理框图，图 3.26 中的部件①～④构成交流 SSR 的主体，从整体上看，SSR 只有两个输入端（A 和 B）、两个输出端（C 和 D），是一种四端器件。

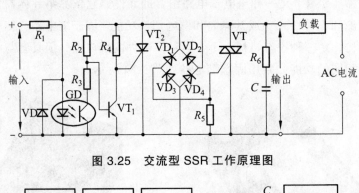

图 3.25　交流型 SSR 工作原理图

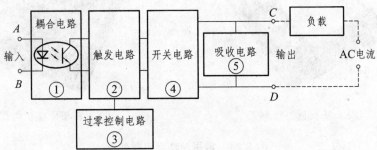

图 3.26　交流型 SSR 工作原理框图

工作时只要在 A、B 上加上一定的控制信号，就可以控制 C、D 两端之间的"通"和"断"，实现"开关"的功能，其中耦合电路的功能是为 A、B 端输入的控制信号提供一个输入/输出端之间的通道，但又在电气上断开 SSR 中输入端和输出端之间的（电）联系，以防止输出端对输入端的影响。耦合电路用的元件是"光耦合器"，它动作灵敏、响应速度高、输入/输出端间的绝缘（耐压）等级高。由于输入端的负载是发光二极管，这使 SSR 的输入端很容易做到与输入信号电平相匹配，在使用时可直接与计算机输出接口相接，即受"1"与"0"的逻辑电平控制。触发电路的功能是产生符合要求的触发信号，驱动开关电路④工作，但由于开关电路在不加特殊控制电路时，将产生射频干扰并以高次谐波或尖峰等污染电网，为此特设"过零控制电路"。所谓"过零"是指，当加入控制信号、交流电压过零时，SSR 即为通态；而当断开控制信号后，SSR 需要等待交流电的正半周与负半周的交界点（零电位）时，SSR 才为断态。这种设计能防止高次谐波的干扰以及对电网的污染。吸收电路是为防止从电源中传来的尖峰、浪涌（电压）对开关器件双向可控硅管的冲击和干扰（甚至误动作）而设计的，一般是用"R-C"串联吸收电路或非线性电阻（压敏电阻器）。

3.8.2　固态继电器分类与选型

1. 固态继电器分类

按工作性质分有直流输入-交流输出型、直流输入-直流输出型、交流输入-交流输出型、交流输入-直流输出型。按安装方式分有装置式（面板安装）、线路板安装型。按元件分有普通型和增强型。

2. 固态继电器选型表（见表 3.8、表 3.9）

表 3.8　固态继电器选型表（一）

型号及外形		电流等级 /A	电压等级			
			AC 220 V 输入 DC 4~32 V		AC 380 V 输入 DC 4~32 V	
			过零型	随机型	过零型	随机型
普通型（S）	插针式电路板焊接 W，L	1	201Z	201P	301Z	301P
		2	202Z	202P	302Z	302P
		3	203Z	203P	303Z	303P
		4	204Z	204P	304Z	304P
	插针安装式 W，L	5	205Z	205P	305Z	305P
		6	206Z	206P	306Z	306P
		8	208Z	208P	308Z	308P
	长方形安装式 K，F	10	210Z	210P	310Z	310P
		15	215Z	215P	315Z	315P
		25	225Z	225P	325Z	325P
		40	240Z	240P	340Z	340P
		50	250Z	250P	340Z	350P
		60	260Z	260P	360Z	360P
		80	280Z	280P	380Z	380P
		100	2100Z	2100P	3100Z	3100P

表3.9　固态继电器选型表（二）

型号及外形		电流等级/A	电压等级			
			AC 220 V 输入 DC 4～32 V		AC 380 V 输入 DC 4～32 V	
			过零型	随机型	过零型	随机型
增强型（H）	长方形安装式 K，F	15	215Z	215P	315Z	315P
		30	230Z	230P	330Z	330P
		45	245Z	245P	345Z	345P
		60	260Z	260P	360Z	360P
		75	275Z	275P	375Z	375P
		90	290Z	290P	390Z	390P
		100	2100Z	2100P	3100Z	3100P
		120	2120Z	2120P	3120Z	3120P
		150	2150Z	2150P	3150Z	3150P
		200	2200Z	2200P	3200Z	3200P
		240	2240Z	2240P	3240Z	3240P
		300	2300Z	2300P	3300Z	3300P
		350	2350Z	2350P	3350Z	3350P
		400	2400Z	2400P	3400Z	3400P
		450	2450	2450P	3450Z	3450P
		600	2600Z	2600P	3600Z	3600P
		800	2800Z	2800P	3800Z	3800P
		1 000	21000Z	21000P	31000Z	31000P

固态继电器的合理选择：

在使用中，流过继电器输出端的稳态电流不得超过额定输出电流，可能出现的浪涌电流不得超过继电器的过载能力。几乎所有的负载工作时都有浪涌电流，如电热元件，由于它是纯电阻性负载，具有正稳定系数，低温时电阻较小，因而启动时电流就较大。

表3.10给出了考虑继电器过载能力和负载浪涌电流后，常温下各种负载的稳压电流对固态继电器额定输出电流的降额系数推荐（专家经典系数）。

表 3.10 固态继电器额定输出电流的降额系数

负载类型	电阻	电热	白炽灯	交流电磁铁	变压器	单相电机	三相电机	电力补偿（电容投切）
SSR 电流等级	2 倍	2.5 倍	4 倍	4 倍	4 倍	6~7 倍	6~7 倍	5 倍

　　表中单相、三相电机降额系数的较小值，对应着大惯性负载，当继电器处于频繁操作和要求长寿命、高可靠的应用场合时，还应对表中的降额系数再乘以 0.6。继电器的负载控制电流也不应低于继电器的最小输出电流，否则继电器会不接通或不正常输出，所以只能用继电器适用的输出电压、输出电流测试固态继电器的接通和关断。

3.8.3　固态继电器检测

　　一般情况下，万用表不能判别 SSR 的好坏，正确的方法是采用图 3.27 所示的测试电路：当输入电流为零时，电压表测出的为电网电压，电灯不亮（功率须 25 W 以上）；当输入电流达到一定值以后，电灯亮，电压表测出的是 SSR 导通压降（在 3 V 以下）。（请初次使用者务必注意：因为 SSR 内部有 *RC* 回路会带来漏电流，因此不能等同于普通触点式的继电器、接触器，请参考后面的注意事项。）

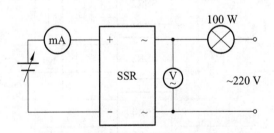

图 3.27　交流 SSR 基本性能测试电路

　　安全操作注意事项：维修人员必须首先切断电源，才能检查输出线路，尤其对 KR 系列调压模块和 KL 半波调压模块，因为输入、输出端没有隔离，输入端是带电的。应用固态继电器时，切忌负载两端短路，以免损坏固态继电器。

3.8.4　固态继电器应用

　　S 系列固态继电器、HS 系列增强型固态继电器可以广泛用于：计算机外围接口装置、恒温器和电阻炉控制、交流电机控制、中间继电器和电磁阀控制、复印机和全自动洗衣机控制、信号灯交通灯和闪烁器控制、照明和舞台灯光控制、数控机械遥控系统、自动消防和保安系统、大功率可控硅触发和工业自动化装置等。

　　常用交流 SSR 对三相电机进行控制，三相电机每相的相电流为 1.9 A/kW，可按相电流的 5～10 倍来选择 SSR。仅作为三相电机的通断控制方案时，可采用最简单的方法：采用二只 SSR，第三相不控。可用四只 SSR 作为三相电机的换向控制，实现电机正反转，控制电路如图 3.28 所示。换向 SSR 之间不能简单地采用反相器连接方式，要保证控制电路在任何时刻都不能产生换向 SSR 同时导通的可能性。此外，在换向瞬间，由于正在导通的 SSR 不可能及时关断造成相间电源短路，从而直接烧毁 SSR，可在换向电源中串联功率电阻和电感作为短路保护。当开关 S 接通"Ⅰ"时，电动机正转；当开关 S 与"Ⅱ"接通时，因 L_1、L_2 两相交换而使电动机反转。

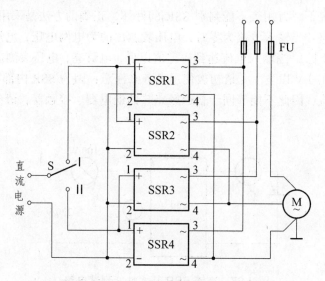

图 3.28　固态继电器控制的电动机正/反转控制电路

　　用户使用过程中的问题，可按下列步骤检查和处理：

　　（1）用万用表简单测量，按图 3.27 所示方法。

　　（2）输入端、输出端、底壳间高阻；输入端为正反向二极管特性，输出端经阻容吸收电容充电后变成高阻；输入施加 15 V、12 mA 后输出全导通，无信号输入。输出全通，表示输出晶闸管损坏。

　　（3）线路检修及处理。

① 若通电工作若干时间后不正常，壳温凉后又正常，检查散热条件或电流余量。

② 电路不通，SSR 又是好的，检查接线端子，可能是电化学腐蚀，更换标准线鼻子，涂导电膏。

③ 若输入端烧毁，可能接错电源或驱动电压过高。

④ 电机换向无过压过电流保护时，AC 220 V 的电容式换向电机，应选用 380 V 的 SSR。

⑤ 若实际的工作电压高，感性负载未加压敏电阻，内部阻容吸收数值不够，需外接阻容电路。

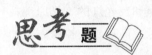

1. 电阻器和电位器在电路中各起什么作用？如何分类？如何用万用表测量其性能？

2. 如何识别不同类型的电阻器？使用时应如何选择？

3. 电容器分为哪些类别？如何用万用表测试电容器的好坏？

4. 电感器一般在电路中起什么作用？有哪些类别？如何用万用表测试电感器的好坏？

5. 电子线路中用的变压器有哪几种？如何用万用表测量变压器的好坏？

6. 二极管在电路中有些什么作用？有哪些种类？如何用万用表判别二极管的好坏？

7. 三极管在电路中起什么作用？有哪些种类？如何用万用表测量其电极、类型、放大能力和好坏？

8. 简述固态继电器的工件原理，在电路中起什么作用。

9. 固态继电器与普通继电器有什么区别？

第4章 常用电气线路安装实训

4.1 照明电路的安装与检修

【技能目标】

（1）了解电气照明的基本知识和护套线及穿管配线安装方法、工艺要求；

（2）了解白炽灯、插座和荧光灯的工作原理；

（3）了解照明电路常见故障现象及检修方法。

【知识要点】

　　室内配电通常采用220 V单相制和380 V三相四线制，其中220 V单相制适宜小容量场合，我国目前大多数家庭就是采用这种供电方式的。

　　电气照明线路是通过各种灯具将电能转变成光能的闭合回路，根据照明要求的不同，可选用不同的灯具和光源。在电气照明中，最常用的灯具是白炽灯和荧光灯。

　　白炽灯是利用电流通过灯丝电阻的热效应将电能转为光能。白炽灯灯具主要由灯泡、灯头、开关等组成。灯泡的主要工作部分是灯丝，灯丝由电阻率较高的钨丝制成。

　　荧光灯是由灯管、镇流器、启辉器、导线等组成的电路，它是利用启辉器和镇流器的辅助作用，使荧光灯管内的惰性气体电离而发生弧光放电，放电产生热量又使管内水银气体电离而导电，从而发出大量紫外线激发管壁上的荧光粉而发出日光色的可见光。

【实训器材】

　　木制板；瓷夹；圆木；螺口平灯座；拉线开关；双孔插座；开关；瓷插式熔断器；护套线；金属扎片；线卡；管卡；管钳；手锯；塑料铝芯导线；塑料软线；荧光灯灯座；荧光灯管；镇流器；启辉器；荧光灯电容器；木螺钉；螺钉；常用电工工具等。

4.1.1　室内线路安装

1）照明电路的基本形式

照明电路的基本形式如图 4.1 所示，其中总配电盘内包括总开关、总断路器、电度表和各干线的开关、熔断器等，分配电盘包括分开关和各支线的熔断器。

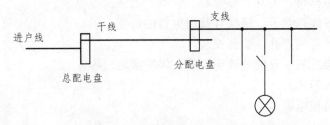

图 4.1　照明电路的基本形式

2）室内照明的供电形式

室内照明的供电形式如图 4.2 所示。

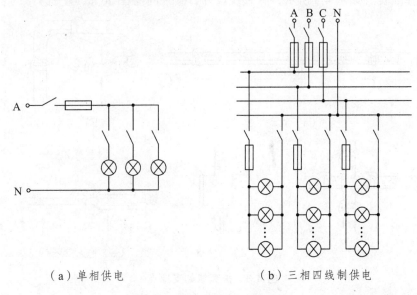

（a）单相供电　　　　　　（b）三相四线制供电

图 4.2　室内照明的供电形式

3）护套线安装步骤

① 器材准备。

② 按施工图并结合现场实际，标画线路走向、支撑点位置及用电器位置。

③ 錾打木楔安装孔和导线穿孔。

④ 安装木楔和金属扎片。

⑤ 敷设导线。

⑥ 完成线路和用电器的连接。

4）穿管配线安装步骤

① 准备器材、工具、弯管器、管钳、电钻及电锤等。

② 定好线路管卡、接线管及用电器的位置。

③ 錾打管线穿孔，配管安装。

④ 焊接管接头处的过渡连接线、保护接地线等。

⑤ 穿入管线。

⑥ 安装用电器。

5）操作要求

（1）护套线安装要求：

① 护套线的支撑固定，须采用专门的金属扎片或塑料钢钉线卡。护套线的支撑点位置如图 4.3 所示，除直线段外，其余间隔在 50 mm 左右。

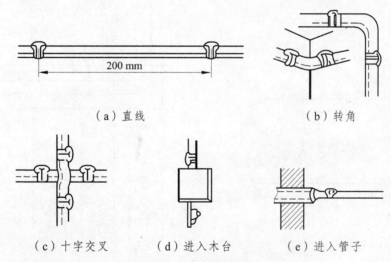

（a）直线   （b）转角

（c）十字交叉   （d）进入木台   （e）进入管子

图 4.3　护套线的支撑点

② 护套线线芯的连接，一般采用专用的接头。

③ 护套线穿越墙壁、楼板时，应采用绝缘管保护。

④ 护套线校直方法如图 4.4 所示。

⑤ 金属扎片的支撑方法如图 4.5 所示。

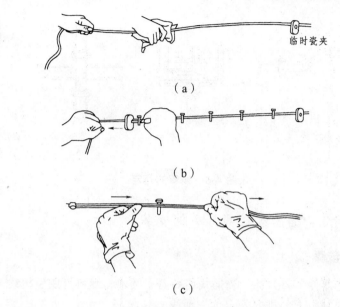

（a）

（b）

（c）

图 4.4　护套线校直

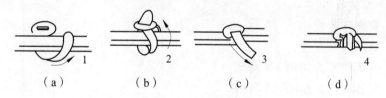

（a）　　　　　　（b）　　　　　　（c）　　　　　　（d）

图 4.5　铝线卡片的安装

（2）穿管配线安装要求：

① 选管。按需要选择合适的钢管。

② 截割线管。按需要长度下料钢管。

③ 弯管。将管子弯成所需的各种形状。

④ 连接线管。套管螺纹后完成线管接头、线管与接线盒、配电箱的连接。

⑤ 配管。一般从配电箱开始，逐段配至用电设备。常见的线管固定方式如图 4.6 所示。

⑥ 扫管配线。清扫管内，将引线与导线缠绑穿入管内。

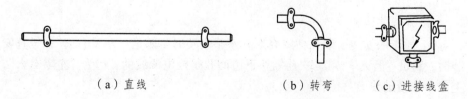

（a）直线　　　　　　　　（b）转弯　　　　　（c）进接线盒

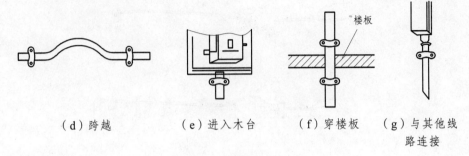

（d）跨越　　　　（e）进入木台　　　（f）穿楼板　　（g）与其他线
路连接

图 4.6　线管的固定

4.1.2　白炽灯、插座和拉线开关的安装

1. 实训步骤

（1）确定器件（刀开关、瓷插式熔断器、圆木、螺口灯座、拉线开关、双孔插座）在木制板上的排列并定位、画线。

（2）安装各器件。

① 安装瓷夹板。

② 敷设固定导线。

③ 安装圆木，如图 4.7 所示。

④ 安装灯座，如图 4.8 所示。

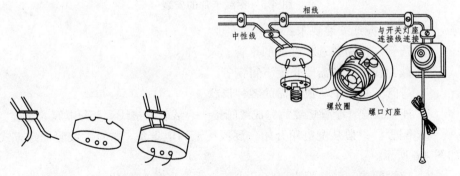

图 4.7　圆木的安装方法　　　　　**图 4.8　灯座的安装方法**

⑤ 安装开关。

⑥ 插座的安装。双孔插座在双孔水平安装时，满足"左零右火"；竖直安装时，满足"上火下零"。三孔插座下边两孔是接电源线的，仍为"左零右火"，上边一孔接地线。

⑦ 检查电路（可用万用表），正确无误后，接通电源，校验电路。

（3）电路检修。由教师设置常见故障 3 个，学生在规定时间内检查、排故、通电。

2. 实训要求

① 各器件位置正确、美观、牢固。

② 走线规范，硬导线要求横平竖直。

③ 导线与接线柱连接正确。

④ 工具使用规范、合理。

⑤ 遵守安全操作规程，进行文明生产。

4.1.3 荧光灯的组装

1. 实训步骤

① 按图 4.9 所示的电路原理图，学生自己选择电器元件。

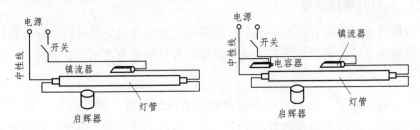

（a）单管电路

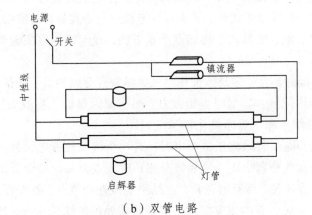

（b）双管电路

图 4.9 荧光灯电路图

② 确定器件位置并定位、画线。注意灯座在定位时用灯管配合完成。

③ 固定各元件。

④ 敷设导线及各电器间的连接导线。

⑤ 确认检查（可用万用表）无误后，装上灯管，接通电源，通电调试。

⑥ 由教师设置常见故障 3 个，学生在规定时间内检查、排故、通电。

2. 实训要求

① 各器件位置正确，美观，牢固。

② 走线规范，硬导线要求横平竖直。

③ 导线与接线柱连接正确。

④ 工具使用规范、合理。

⑤ 遵守安全操作规程，进行文明生产。

4.1.4 照明电路常见故障的检修知识

1. 白炽灯线路的检修

白炽灯常见故障有灯泡不亮、灯光闪烁、加熔丝后立即熔断、灯光暗红、发光强烈等几种。下面分析产生这些故障的常见原因及常用检修方法。

1）灯泡不亮

（1）灯丝断开。可用肉眼直接观察。若观察不便，用万用表 "$R \times 1k$" 电阻挡检查。将两表笔接触灯泡两个触点，指针不动，即可判断灯丝断开。

（2）灯泡与灯座接触不良。对插口灯座，停电后检查灯头中两个弹性触头是否丧失弹性，弹簧是否锈断，触头与灯泡接触是否良好。对使用过久的灯泡，特别是大功率灯泡，头部两个锡触点严重下凹，或卡口内灯头触头与灯泡触点不对位。

（3）开关接触不良。多是因使用过久，弹簧疲劳或失效，动作后不能复位，可调整弹簧挂钩位置，以增强弹簧弹力。另一原因是动、静触头被电弧烧蚀，轻者可用 0# 砂纸（布）擦净氧化物和毛刺。

（4）线路开路。若线路正常有电时，有一个接线柱带电，另一个接线柱无电。如果两个接线柱都无电，是相线开路，应先查开关、熔断器是否接触不良或熔丝熔断。若开关、熔断器正常，在线路上检查开路点，首先查线路接头处，用测电笔从灯头起逆着电流方向逐点解开接头处的绝缘带检查，开路点必定在有电点与无电点之间。

在灯头上接有灯泡的情况下，如果灯头两接线柱上都有电，则是灯头前面的零线开路，用测电笔沿着线路逆着电流方向逐点检查，其故障点仍在有电点与无电点之间。

若线路较长或接点较多，常采用"二分之一"检查法，即检查点选在所查电路基本的地方。

2）灯光闪烁

灯光闪烁现象表现为忽明忽暗或忽亮忽灭。

（1）灯泡与灯头接触松动或接触面氧化层太厚，使电路时通时断。检查时，可推动灯泡增加它与灯头的接触压力，看是否能恢复正常。

（2）开关动、静触头之间接触松动或氧化层较厚，使电路时通时断。

（3）电源电压波动，这不是电路本身的故障，多因附近有大容量用电设备启动。

（4）熔丝接触松动，造成电路时通时断，如夹头部分松动、固定熔丝的压接螺丝松动等，造成似接触非接触，应将其旋紧。

（5）导线接头处接触松动。检查时，对怀疑松动的接头进行轻微扭动，若灯光随接头扭动发生变化，可能是该接头接触松动或氧化层太厚。

3）换上熔丝立即被熔断

（1）线路或灯具内部相线与零线间短路。这种故障检查比较麻烦，常用逐路通电法检查：将烧断熔丝的那只熔断器保护范围内全部用电器断开（如果是几幢楼房或楼层，可将各幢楼房或楼层的总熔断器断开），然后将已换上同规格新熔丝的熔断器接通，如果熔丝不再熔断，说明故障在支路熔断器后面的用电设备本身或该熔断器以后的支路上。这时可以对逐个用电设备或逐条支路送电，每接通一个设备或一条支路，若工作正常，则该设备或支路无短路故障。如果送电到某设备或某支路时，熔丝熔毁，则短路点就在该设备或该支路上，然后在这个小范围内查找。通常短路故障多发生在相线、中线距离较近的地方，如灯头内、挂线盒内、接线盒内等线路接头处或电线管道的进出口处。

（2）负载过大或熔丝过细。用钳形电流表检查干路电流，若实测电流值远大于额定电流值，则属负载过大；若实测电流值不是远大于额定电流值，则应查熔丝规格是否偏小。

（3）胶木灯座两触头之间的胶木炭化漏电。由于灯泡功率偏大，灯泡与灯头接触不良，使灯座触头过热，导致两触头之间的胶木炭化，降低绝缘性能，造成严重漏电或短路。

4）灯光暗红

灯光暗红是指灯泡发光暗淡，照明度明显下降，其直接原因是供给灯泡的电压不足，使其不能正常发光。

（1）灯座、开关或导线对地严重漏电。是否有漏电故障，仍可用检测负载电流与额定电流相比较进行判断，如果实测电流比负载额定电流大得多，说明该电路有漏电故障。再逐点检查灯座、开关、插座和线路接头，特别要细心检查导线绝缘破损处，线路的裸露部分是否碰触墙壁或其他对地电阻较小的物体，线头连接处绝缘层是否完全恢复、线路和绝缘支持物是否受潮和受其他腐蚀性气体、烟雾等的侵蚀、进出电线管道处的绝缘层是否有破损。

（2）灯座、开关、熔断器等接触电阻大。在线路处于工作状态时，只要用手触摸上述电器的绝缘外壳，会有明显温升的感觉，严重时特别烫手。检查它们的接触部位是否松动，是否有较厚的氧化层。

（3）导线截面太小，电压损失太大。

（4）金属线管涡流损耗造成线路损失大。这是单根导线穿过钢管时引起的，安装时应将一个完整的供电回路穿过同一根钢管。

5）灯泡发光强烈

（1）灯丝局部短路。如灯丝烧断后重新搭接必然发出强光，要排除这类故障只有另换灯泡。

（2）电源电压高于灯泡额定工作电压。解决这一问题，最好用交流稳压器将电源电压稳定在 220 V。

（3）灯泡与供电网络接错。这种情况虽然发生不多，但后果特别严重。

2. 荧光灯的检修

荧光灯线路较为复杂，使用中出现的故障也相应较多。

1）接通电源，灯管完全不发光

（1）荧光灯供电线路开路或附件接触不良。可参照白炽灯开路故障的检查方法。

（2）启辉器损坏或启辉器与底座接触不良。拔下启辉器，用短路导线接通启辉器座的两个触头，如果这时灯管两端发红，取掉短路线时，灯管即启动（有时一次不行，需要几次），则可证明是启辉器坏了，或是启辉器与底座接触不良。检查启辉器与底座接触部分是否有较厚氧化层、脏物或接触点簧片弹性不足。如果接触不良故障消除后，灯管仍不启动，则是启辉器坏了。

（3）对新装荧光灯，可能是接线错误。

（4）灯丝断开或灯管漏气。取下灯管，用万用表电阻挡分别检测两端灯丝，若指针不动，表明灯丝已断。若灯管漏气，刚通电时管内就产生白雾，灯丝也立即被烧断。

（5）灯脚与灯座接触不良。轻微扭动灯管，改变灯脚与灯座的接触状况，看灯光是否变化，否则取下灯管，检查灯座触片和除去灯脚与灯座接触面上的氧化物，再插入通电试一下。

（6）镇流器内部线圈开路，接头松脱或与灯管不配套。

（7）电源电压太低或线路电压降太大，可用万用表交流电压挡检查荧光灯电源电压。

2）灯管两头发红但不能启动

（1）启辉器中纸介电容器击穿或氖泡内动、静片粘连。这两种情况均可用万用表"$R×1k$"挡检查启辉器两接线引出脚。若表针偏到 $0\,\Omega$，则是电容器击穿或氖泡内动、静触片粘连。后者可用肉眼直接判断后更换启辉器。若是纸介电容器击穿，可将其剪除，启辉器仍可暂时使用。

（2）电源电压太低或线路压降太大。

（3）气温太低。必要时可用热毛巾捂住灯管来回热敷，待灯管启动后再拿开。

（4）灯管陈旧，灯丝发射物质将尽。这时灯管两端明显发黑，应更换灯管。

3）启动困难，灯管两端不断闪烁，中间不启动

（1）启辉器不配套。

（2）电源电压太低。

（3）环境温度太低。

（4）镇流器与灯管不配套，启动电流较小。

（5）灯管陈旧。

4）灯管发光后立即熄灭

（1）接线错误，烧断灯丝。

（2）镇流器内部短路，使灯管两端电压太高，将灯丝烧断。镇流器内部是否短路可通过用万用表测线圈冷态直流电阻判断。

5）灯管两端发黑或有黑斑

（1）启辉器内纸介电容器击穿或氖泡动、静触片粘连。这会使灯丝长期通过较大电流，导致灯丝发射物质加速蒸发并附着于管壁，应更换启辉器。

（2）灯管内水银凝结。这种现象在启动后会自行蒸发消失。必要时可将灯管旋转 180° 使用，有可能改善使用效果。

（3）启辉器性能不好或与底座接触不良。这引起灯管长时间闪烁，加速灯丝发射物质蒸发，应更换启辉器或检修启辉器座。

（4）镇流器不配套。

（5）线路电压过高，加速灯丝发射物质蒸发。可用交流稳压器解决。

（6）灯管使用时间过长，两头发黑，应更换新灯管。

6）灯管亮度变低或色彩变差

（1）气温低。

（2）电源电压太低或线路电压损失较大。

（3）灯管积垢太多。

（4）灯管陈旧。

（5）镇流器不配套或有故障，使线路工作电流太小。

7）灯光闪烁

（1）新灯管暂时存在的现象，启动几次后即可消失。

（2）启辉器坏了。氖泡内动、静触片不断交替通断而引起闪烁，应更换启辉器。

（3）线路连接点接触不良，时通时断。

（4）线路故障使灯丝有一端因线路短路不发光。将灯管从灯座中取出，两端对调后重新插入灯座，若原来不发光的一端仍不发光，是灯丝断。若原来发光的一端调过来就不发光了，则是后来不发光的一端所接线路短路，应检查线路，排除短路故障。

8）灯管启动后有交流嗡嗡声和杂声

（1）镇流器硅钢片未插紧。镇流器内部多用沥青或绝缘漆等封固，铁芯拆卸相当困难，通常只能换新的镇流器。

（2）电源电压太高。

（3）镇流器过载或内部短路。

（4）启辉器不良。

（5）镇流器温升过高。检查镇流器温升过高的原因，若是镇流器故障，应更换；若是线路故障，应检修。

9）镇流器过热

（1）灯架内温度过高。

（2）电源电压过高或镇流器质量不好（如内部匝间短路）。

（3）灯管闪烁时间或连续通电时间过长。

10）灯管寿命短

（1）镇流器不配套或质量差，使灯管工作电压偏高。

（2）开关次数太多或启辉器故障引起长时间闪烁。

（3）新装荧光灯可能因接线错误，通电不久就使灯丝被烧断。

（4）灯管受强烈振动，将灯丝震断。

11）断开电源，灯管仍发微光

（1）荧光粉有余辉的特性，短时有微光属正常现象。

（2）开关接在零线上，关断后灯丝仍与相线连接。

4.1.5　综合实训

模拟家庭照明电路的安装实验。在 720 mm × 400 mm 的安装板上安装如图 4.10 所示的模拟家庭照明电路（各考核评分标准按本工程的要求评定）。

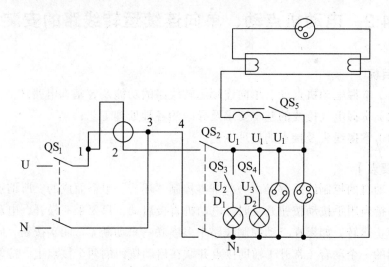

图 4.10　家庭配电板及照明电路电气原理

照明电路实训考核标准如表 4.1 所示。

表 4.1　照明电路实训考核标准

考核内容	得分	评分标准	得分	备注
器件布置	20	器件布置不合理，每处扣 10 分		
		定位不合理，每处扣 2 分		
安　装	40	垂直、水平误差超过 5 mm，每处扣 2 分		
		安装器件固定不牢或不美观，每处扣 5 分		
		接头不牢，每处扣 5 分		
		导线接头不合理，每处扣 5 分		
试　车	20	第一次送电不正常，本次考核不合格		
		经两次试车仍不正常，本次考核不合格		
安全文明生产	20	违反操作规程，每次扣 4 分		
		违反文明生产规定，每次扣 2 分		
		发生重大事故，本次考核不合格		

4.2　电动机点动、单向连续运转线路的安装

【技能目标】

（1）掌握电动机点动、单向连续运转线路的功能及各基本电路环节；

（2）掌握电气接线的基本要求及导线的各种处理工艺；

（3）掌握线头及接点的处理工艺。

【知识要点】

电动机的控制线路都是由一些基本控制"环节"组合而成的。所谓点动控制，是指当用手按动按钮开关时，电动机直接启动，只要手一松开，电动机就立即停止运转。如果在点动控制线路中多串联一只动断（常闭）按钮，同时把接触器的一个动合（常开）辅助接点并联在启动按钮的两个接点上，接触器的主触点和辅助触点同步动作组成了单向连续运转控制线路。如果将热继电器的热元件串联在主电路中，将热继电器的动断触点串联在控制线路中，则组成了具有过载保护的控制线路。

【实训器材】

（1）常用电工工具；铅笔。

（2）500 V 兆欧表、钳形电流表；万用表。

（3）三相异步电动机（Y-100L2-4）1 台；接触器（CJ0-10）1 只；熔断器（RLI-15）5 只；接线排（JX2-1003JX2-1006）各 1 副；按钮（LAm-3H）1 只；热继电器（RJ10-10）1 只；负荷开关（HQ1-30/3）1 只、组合开关（H210-25/3）1 只；木制电盘（400 mm×300 mm×30 mm）1 块；木螺钉适量。

（4）绝缘导线：主电路 BV 1.5 mm²，控制电路 BVR 1 mm²，按钮线 BVR 0.75 mm²，数量按需要而定，主、控电路所用导线颜色应有所区别。

4.2.1　电动机点动控制线路的安装接线

1）安装步骤

（1）电动机点动控制线路的电气原理如图 4.11 所示。电气接线图如图 4.12 所示。

（2）对照电气原理图检查设备所需材料，准备元器件。

（3）根据电气原理图，设计布置各元件的位置和线路走向，可以用铅笔在盘上画线定位，参考图 4.11（b）所示的元件布置图。

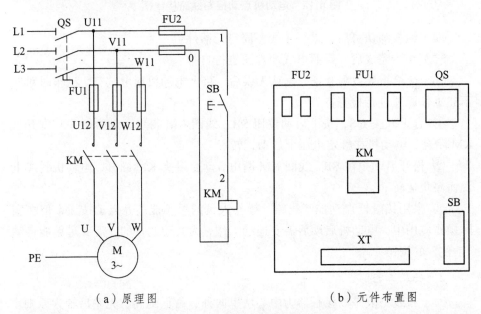

（a）原理图　　　　　　　　　（b）元件布置图

图 4.11　电动机点动控制线路

99

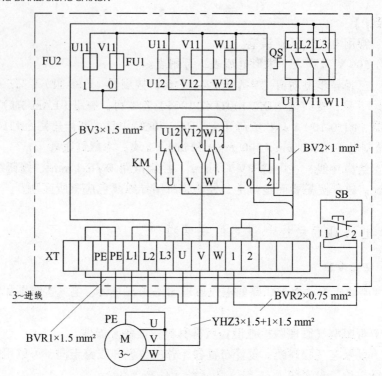

图 4.12　电动机点动控制线路接线图

（4）经教师认可后，进行布线，固定元器件。

（5）布线完成后，对照电气原理图进行自检。

（6）交给指导教师验证，确认无误后，接上电动机通电试车。试车时对照下述工作原理进行检查：

① 合上开关 QS，按下启动按钮 SB，线圈 KM 得电，动合触头（常开）KM 闭合，电动机在额定电压下启动运转。

② 松开启动按钮 SB，线圈 KM 断电，动合触头 KM 断开，电动机脱离电源而停止运转。

③ 采用接触器点动控制线路，操作人员的手不能离开点动按钮，但在实际操作应用中，电动机启动后需要连续工作，为实现此目的，需要采用能自动"锁住"的按钮线路。

2）安装工艺

（1）布线一般是以接触器为中心从里向外、由低到高、先主后辅为原则。

（2）布线通道尽可能少，同路行走导线按主、辅电路分类集中。

（3）走线要求横平竖直，改变方向时应垂直，紧贴板面布线。

（4）要求走线合理，同一平面的所有导线应高低、前后一致，不得交叉，必须交叉时应在接线端子接出时就架空跨越。

（5）导线与接线端子应接触良好，不得压绝缘层，不得出现反圈，线芯裸露不能过长。

（6）为了便于安装检查、检修，每根导线两端应套上有编号的号码管。

3）自检方法

（1）核对接线及端头编号的正确性，看有无漏、错之处。

（2）检查端头连接是否牢固和接触良好，以免运行时产生闪弧现象。

（3）检查线路的通断情况，通常用万用表电阻挡检查，挡位要选择恰当；检查辅助电路时，可断开主电路进行，表笔分别搭在 U11，V11 两线端上，没按启动按钮 SB 时，表盘读数应为 "∞"，按下启动按钮 SB 时，读数应为接触器线圈直流电阻；检查主电路的通断时，可用手按接触器触头来代替其线圈的通电检查。

4）安装注意事项

（1）电动机及按钮的金属外壳必须可靠接地。

（2）在按钮内接线时，用力不能过猛。

（3）通电试车前一定要请指导教师验证。

4.2.2　电动机单向运转控制线路的安装接线

1. 电气线路图

图 4.13 为电动机单向连续运转原理图和元件布置图，图 4.14 为其接线图。

2. 工作过程

合上开关 QS，工作过程如下：

（1）启动：

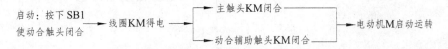

当松开 SB1，动合触头分断，由于接触器动合辅助触头 KM 的闭合已将 SB1 短接，所以松开 SB1 后的电动机仍能运转，动合辅助触头又称自锁触头。

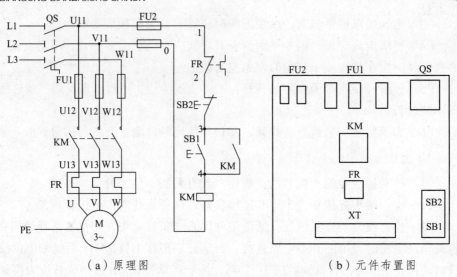

（a）原理图　　　　　　　　　　（b）元件布置图

图 4.13　电动机单向连续运转控制线路

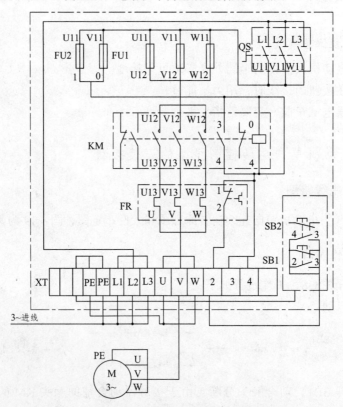

图 4.14　电动机单向连续运转控制线路接线图

（2）停止：

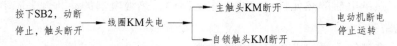

当松开 SB2 时，其动断触头闭合，因接触器的自锁触头 KM 在切断电路时已断开，停止自锁，接触器线圈 KM 不可能断电，因而电动机不可能转动。要使电动机重新运转，必须重新按下启动按钮 SB1。

接触器自锁控制线路的另一个特点是具有失压保护作用。当线路由于某种原因突然断电，电动机也就停止运转，当故障排除后恢复供电时，由于自锁触头断开后不能自行闭合，故电动机也不会自行启动。

3. 操作步骤

（1）电动机单向连续运转电路与点动控制线路的主电路相同，只是在控制电路中增加了一个动断（常闭）的停止按钮 SB2，在动合（常开）启动按钮 SB1 的两端，并接了接触器的一对动合（常开）辅助触头 KM，如图 4.13（a）所示。

（2）按设备材料的要求检查工具是否齐全，检查元器件数量，用万用表检查接触器线圈及其他元件的质量。

（3）学生自己先读懂图 4.13（a）电气原理图，再设计布置各电器元件位置，也可参考图 4.13（b）做适当的调整，经教师认可后，便可用木螺钉将各电器元件固定在木电盘上。

（4）按图 4.13（a）所示电路图进行布线设计，其设计原则是：

① 布线通道尽可能少，同路并行导线按主、控电路分类集中，单层密排，紧贴安装面布线。

② 同一平面导线不能交叉，非交叉不可时，只能在另一导线因进入接点而抬高时从其下空隙穿越。

③ 横平竖直，分布均匀，便于维修。

④ 布线次序一般以接触器为中心由里向外、由低向高，先主电路后控制电路，以不妨碍后继布线为原则。

（5）螺旋熔断器座螺壳端应接负载，电器上的空余螺钉一律拧紧。

（6）布完线后，先对照图 4.13（a）仔细检查，然后由实习教师检查；经教师同意后，再进行通电试运转，不得接电动机，试验时可按工作原理对照检查。

（7）交验，接上电动机通电试车。

（8）注意事项：

① 热继电器的热元件要串联在主电路中，热继电器的动断触头应串联在控制电路中。

② 自锁触头要与启动按钮 SB1 并联。

③ 接线柱上的压紧螺钉要拧紧。

④ 试车时应先合上电源开关，再按 SB1；停车时，先按 SB2，再断开电源开关。

⑤ 操作时要注意安全，电动机外壳上要接好接地线。

4.3　电动机正、反转控制线路安装实训

【技能目标】

（1）掌握正、反转控制线路的功能，特别是联锁在控制电路中的作用及接法；

（2）了解具有一定复杂程度的控制线路及其导线布置的工艺处理方法。

【知识要点】

在实际应用中的生产机械往往要求运动部件能向正、反两个方向运动，如工作台的前进和后退，机床主轴的正转与反转，起重机的上升与下降等，这些机械都要求电动机能实现正、反转控制。

我们知道，当改变通入电动机定子绕组的三相电源相序，即把接入电动机三相电源进线中的任意两相对调接线时，电动机就可以反转。

在掌握电动机正、反转基本控制线路的基础上，我们在控制电路中串入位置开关就可以组成位置控制电路，在控制电路中并联上位置开关就又可以组成自动往返控制电路，以满足生产机械在工作中的一些要求。

【实训器材】

（1）常备电工工具；铅笔。

（2）接触器（CJ0-10）2 只；熔断器（RL1-15）5 只；接线排（JX-1009，JX-1003）各 1 付；按钮（LA10-3H）1 只；热继电器（RJ10-10）1 只；位置开关（JLXS3）4 只；木制电盘（400 mm×300 mm×30 mm）1 块；木螺钉适量。

（3）绝缘导线：主电路 BV 1.5 mm^2，控制电路 BV 1 mm^2，按钮线 BVR 0.75 mm^2，数量按需用而定，主、控电路的颜色应有区别。

4.3.1　电动机正、反转电路工作原理

1. 电气线路图

图 4.15 为电动机正、反转控制线路原理图和元件布置图，图 4.16 为其接线图。

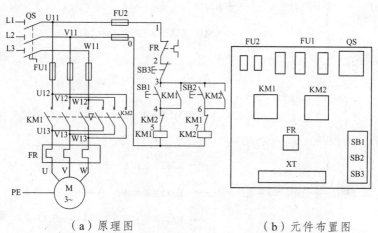

（a）原理图　　　　　　　　　　（b）元件布置图

图 4.15　电动机正、反转控制线路

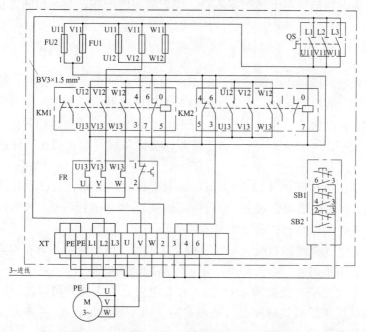

图 4.16　电动机正、反转控制线路接线图

2. 工作过程

先合上电源开关 QS，分别进行以下操作：

（1）正转控制：

（2）停止：

（3）反转控制：

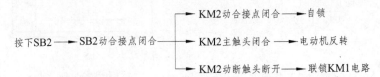

若要停止，按下 SB3，整个控制电路失电，主触头分断，电动机 M 失电停转。如果电路动作与上述顺序不符，应查清问题所在，直至相同为止。

4.3.2　电动机正、反转控制线路安装

（1）联锁是指利用电器或按钮的动断触头，在一个电路工作时，把另一个电路"锁住"的控制作用。实现联锁的触头叫联锁触头，在实际应用中可以用接触器动断辅助触头，也可以用复合按钮的动断触头，还可以两种同时采用。

（2）根据图 4.15（a）所示的电路图，按设备材料提供的元器件选择元件及检查元件质量。

（3）学生可根据图 4.15（a）所示的电气控制原理图，自己设计元器件的安放位置，并用铅笔画在盘上，也可参考图 4.16 所示进行调整；教师检查设计方案后，可以根据自己的设计方案安装元件。

（4）按电气原理图布线，布线原则及要求为"横平竖直，分布均匀；以接触器为中心由里向外、由低向高；先主电路后辅助电路"。

（5）布线完毕，根据图 4.15（a）检查电路是否正确，可以进行学生之间互检，确认无误后经教师同意可通电自检（但不接电动机），并参考工作原理检查动作是否正常。

（6）交付给教师验收，接上电动机通电试车。

（7）安装注意事项：

① 要注意联锁触头不能接错，否则会出现三相电源短路事故。

② 要注意安全操作，电动机外壳上要接上接地线。

4.3.3 电动机控制实训考核方案

电动机控制实训考核如表 4.2 所示。

表 4.2 电动机控制实训考核标准

内 容	配分	评 分 标 准		扣分
装前检查	15	1. 电动机质量检查，每漏一处扣 5 分		
		2. 电器元件漏检或错检，每处扣 2 分		
安装元件	15	1. 不按布置图安装扣 15 分		
		2. 元件安装不紧固，每只扣 4 分		
		3. 安装元件时漏装木螺钉，每只扣 2 分		
		4. 元件安装不整齐、不匀称、不合理，每只扣 3 分		
		5. 损坏元件扣 15 分		
布 线	30	1. 不按电路图接线扣 25 分		
		2. 布线不符合要求：		
		主电路，每根扣 4 分		
		控制电路，每根扣 2 分		
		3. 接点松动、露铜过长、压绝缘层、反圈等，每个接点扣 1 分		
		4. 损伤导线绝缘或线芯，每根扣 5 分		
		5. 漏套或错套编码套管，每处扣 2 分		
		6. 漏接接地线扣 10 分		
通电试车	40	1. 热继电器未整定或整定错扣 5 分		
		2. 熔体规格配错，主、控电路各扣 5 分		
		3. 第一次试车不成功扣 20 分		
		第二次试车不成功扣 30 分		
		第三次试车不成功扣 40 分		
安全文明生产		违反安全文明生产规程扣 5～40 分		
定额时间 3.5 h		每超时 5 min 以内以扣 5 分计算		
备 注		除定额时间外，各项目的最高扣分不应超过配分数	成 绩	
开始时间		结束时间	实际时间	

4.4 低压配电箱安装实训

【技能目标】

能绘制配电屏电路的电气原理图，并能安装检修配电屏电路。

【知识要点】

在实际生产生活中，由电力线路送来的 220 V/380 V 电源一般不只供给一台用电设备，往往要供给多台设备，这就涉及电源分配的问题，而且在使用中常常需要知道所供电源的电压、电流、频率、用电量等，配电箱就是根据这一需要而产生的。低压配电箱有固定式和抽屉式两大类，广泛采用的是固定式低压配电箱，离墙安装，双面维护。

【实训器材】

电度表 DD14 及 DT8；电流互感器 LQG-0.5；自动空气开关 DZ10-100；交流电压表 ITI-V；交流电流表 ITI-A；低压隔离开关；隔离开关等。

4.4.1 元器件简介

1）电度表

电度表担任着对电力用户消耗的电力进行计量的任务，它的种类繁多，一般按结构可分为单相电度表、三相三线制电度表、三相四线制电度表。凡是用电量（任何一相的计算负载电流）超过 120 A 的，必须与电流互感器配合使用。

2）电流互感器

电流互感器是一种特殊的变压器，主要为了配合仪表和继电器使用。它的主要意义在于能将一次电路中的大电流通过不同的变流比，变换为二次电路中可以供仪表、继电器使用的电流，便于对一次电流进行测量和控制。

3）低压断路器

低压断路器又称自动空气开关，是一种可以自动切断线路故障的电器。当电路发生短路、过载、欠电压等不正常的现象时，能自动切断电路。

4）低压隔离开关

隔离开关主要为电路造成一明显断点，按其灭弧结构分，有不带灭弧罩和带灭弧罩两种。不带灭弧罩的隔离开关不能带负荷操作。

4.4.2　安　装

（1）将元件根据安装图固定在配电箱上，参考图 4.17。

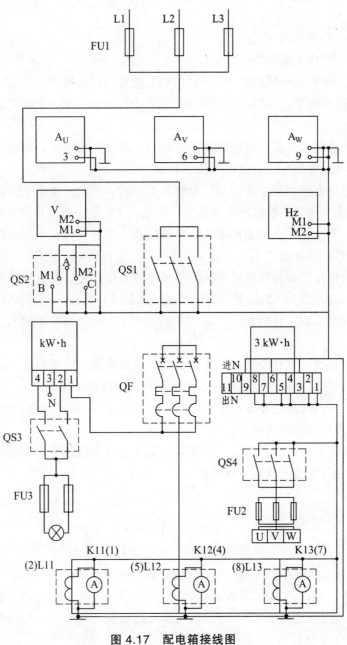

图 4.17　配电箱接线图

安装注意：

① 隔离开关、低压断路器的位置是否正确，不要倒置安装。

② 仪器安装位置是否合理，不要太拥挤，也不能隔得太远，要保持合理的距离。

（2）选择适当的导线。

母线：选择 7 芯铝绞线作为母线。

仪表线路：选择线径为 1.5 mm^2 的铝芯线作为仪表线路。

（3）照图施工。按照给定的原理图将配电屏连接起来，安装时要注意以下几点：

① 注意隔离开关、螺旋式熔断器的动、静触点接线，一般电流进端应接在静触点上，电流出端应接在动触点上。

② 电流互感器在工作时其二次侧不得开路，因此，电流互感器在安装时千万不要在二次侧串联熔断器和开关，而且二次接线一定要牢靠且接触良好。

③ 为了防止一次侧高压窜入二次侧危及人身和设备安全，电流互感器二次侧有一端必须接地。

④ 电流互感器在连接时要注意端子极性，按规定，电流互感器一次绕组端子标以 L1，L2，二次绕组端子标以 K1，K2。L1 与 K1 互为同名端。如果在某一瞬间电流从 L1 流向 L2，二次侧电流则由 K2 流向 K1。如果仪表反接，可能会引起不必要的事故。

⑤ 单相电度表在安装时，注意其电压线圈应该并联在测量电路上，而电流线圈应该串联在被测电路中，不要接反，否则会烧坏仪表。

⑥ 三相四线制电度表在安装时，一定要仔细。注意接线盒上的端子编号，要逐一检查后按照图纸接牢。

⑦ 线路走向应横平竖直，不要发生交叉。仪表线路力求清晰美观，母线尽量不要分开走线，做到一目了然。

4.4.3 通电试运行

安装完毕后仔细对照图纸再复查一次，就可以通电运行了。

连接好三相异步电动机、白炽灯泡，依次合上隔离开关 QS1、空气断路器 QF、刀开关 QS2、QS3，检查白炽灯是否正常发光，电动机转动是否正常，如果有异常情况应立即断电，断电时应先断开自动空气开关 QF，然后再断开 QS3 及 QS2。

思考题

1. 简述白炽灯的安装工艺要求及步骤。

2. 荧光灯由哪些部件组成？各部件的主要结构如何？镇流器和启辉器的作用有哪些？

3. 如何检查电路中的短路故障？

4. 白炽灯通电后不亮，可能由哪些原因造成？怎样检查？

5. 荧光灯通电后完全不亮，可能由哪些原因造成？怎样检查？

6. 荧光灯管两头亮，但不启动，可能由哪些原因造成？如何检查？

7. 荧光灯灯光闪烁，可能由哪些原因造成？

8. 在电动机正、反转控制电路中，有以下几个现象出现，表现如下：

① 合上电源开关 QS，电机马上正向启动，按下停止按钮电机能停下来，但手一放开，电机又正向启动运转；

② 无论按下正转或反转按钮，对应接触器就不停地吸合与释放，放开按钮时，接触器不再吸合；

③ 电动机反转操作正常，而进行正转操作时，只能实现"启动"操作，不能实现"停止"控制，只有断开总电源开关，才能使电动机停转。

分析以上几个现象产生的原因。

9. 叙述电动机正、反转控制线路的安装步骤。

10. 电动机控制线的布线工艺有哪些要求？

第 5 章　晶闸管电路

5.1　晶闸管元件的简易测试及导通关断试验

【技能目标】

（1）用万用表鉴别晶闸管的好坏并判别管脚；

（2）验证晶闸管元件的导通条件；

（3）验证晶闸管元件的关断条件。

【实训器材】

晶闸管导通与关断实训电路板 1 个；毫安表 1 只；万用表 1 只；直流电源（1.5 V，6 V）1 个；不同型号晶闸管若干。

5.1.1　实训电路与原理

1. 晶闸管的 PN 结

单向晶闸管的内部有三个 PN 结，这三个 PN 结的好坏直接影响单向晶闸管的质量。因此使用单向晶闸管之前，应对三个 PN 结进行测量。

单向晶闸管的门极 G 与阴极 K 之间只有一个 PN 结，利用 PN 结的单向导电性，可采用万用表的电阻挡进行测量，其正向电阻比较小，反向电阻比较大。

单向晶闸管的阳极 A 与门极 G 之间有两个反向串联在一起的 PN 结，因此采用万用表电阻挡测量会发现其正、反向电阻都比较大。

单向晶闸管的阳极 A 与阴极 K 之间有三个 PN 结，其正、反向电阻都比较大。

2. 晶闸管元件的导通与关断

晶闸管元件在承受正向阳极电压的同时，加上了正向的门极电压，有足够大的门极电流，晶闸管元件才会被触发导通，导通以后门极就失去作用。

要使已导通的晶闸管恢复阻断，只有减小阳极电压使流过晶闸管的阳极电流 I_A 小于维持电流 I_H，晶闸管就会可靠迅速关断。

晶闸管元件的导通与关断试验原理图如图 5.1 所示。

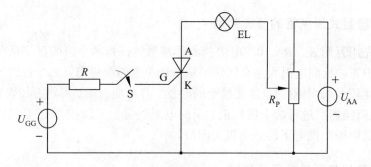

图 5.1　单向晶闸管导通与关断原理图

5.1.2　实训内容与步骤

1. 螺栓式晶闸管的测试

（1）检测阳、阴极间是否短路。用万用表"$R×1\,k$"或"$R×10\,k$"电阻挡，测试晶闸管阳、阴极间正、反向电阻，阻值均在几百千欧以上（指针基本不动），则说明阴、阳极静态性能良好，如图 5.2 所示。

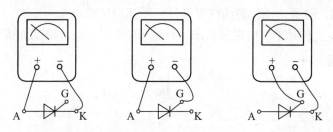

图 5.2　单向晶闸管的测试

（2）检测门极是否短路或断开。用万用表"$R×1$"或"$R×10$"电阻挡测量门极与阴极间的电阻，然后将表笔对调测量。如果在门极 G 与阴极 K 加正向电压（即黑表笔接门极 G，红表笔接阴极 K）时，测得阻值在几欧至几百欧的范围，对调表笔后，测得阻值大些为正常。如果两次测量阻值都很大（表针基本不动），说明门极断路；如果两次测得阻值都很小（表针几乎指向零），说明门极短路。断路和短路都说明元件损坏，不能使用。

注意：在测门极与阴极间的电阻时，不能使用万用表的高阻（10 k）挡，以防表内的高压电池击穿门极的 PN 结。至于器件能否可靠触发导通，可用直流电源串联电灯与晶闸管，当门极与阳极接触一下后，如管子导通灯亮，则说明管子是可触发的。

2. 塑封式晶闸管的管脚判别

首先用万用表"$R \times 10$"电阻挡测量晶闸管任意两个极的正、反向电阻，找出其中正、反向电阻大小有区别的两个极（这两个极与第三个极的正、反向电阻都比较大），电阻测量值比较小的时候（若不能判断，可将万用表置于"$R \times 1$"电阻挡再次进行两个极的正、反向电阻测量），黑表笔接的是门极，红表笔接的是阴极，则剩下的一个极为阳极。

3. 晶闸管元件的导通测试

1）反向阻断测试

（1）将晶闸管元件的阳极 A 接 U_{AA} 的"−"，阴极 K 接 U_{AA} 的"+"，晶闸管元件的门极 G 接 U_{GG} 的"−"，阴极 K 接 U_{GG} 的"+"，将电位器 R_P 调到最大值。

（2）接通 U_{AA}，晶闸管承受反向阳极电压，元件不导通，灯泡 EL 不亮。

（3）闭合开关 S，再接通 U_{GG}，晶闸管元件仍然不导通，灯泡 EL 依旧不亮。

（4）将晶闸管元件的门极 G 接 U_{GG} 的"+"，阴极 K 接 U_{GG} 的"−"，再闭合开关 S，接通 U_{GG}，使晶闸管元件承受反向阳极电压与正向门极电压，管子仍然不导通，处于反向阻断状态，灯泡 EL 依旧不亮。测试如图 5.3 所示。

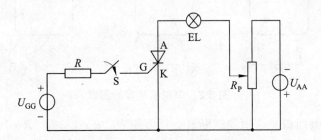

图 5.3　单向晶闸管的反向阻断测试

2）正向导通测试

（1）将晶闸管元件的阳极 A 接 U_{AA} 的"+"，阴极 K 接 U_{AA} 的"−"，晶闸管元件的门极 G 接 U_{GG} 的"−"，阴极 K 接 U_{GG} 的"+"，将电位器 R_P 调到最大值。

（2）接通 U_{AA}，晶闸管承受正向阳极电压，处于正向阻断状态，元件不导通，灯泡 EL 不亮。

（3）闭合开关 S，再接通 U_{GG}，晶闸管元件反向触发，仍然不导通，灯泡 EL 依旧不亮。

（4）将晶闸管元件的门极 G 接 U_{GG} 的"＋"，阴极 K 接 U_{GG} 的"－"，再闭合开关 S，接通 U_{GG}，使晶闸管元件承受正向阳极电压与正向门极电压，此时管子被触发导通，灯泡 EL 亮。测试如图 5.4 所示。

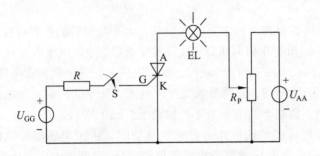

图 5.4 单向晶闸管的正向导通测试

4. 晶闸管元件的关断测试

（1）在图 5.4 灯泡 EL 亮的情况下，断开开关 S，此时晶闸管元件维持导通，灯泡 EL 仍亮。

（2）在（1）的基础上调节电位器 R_P，使加在晶闸管元件上的正向阳极电压逐渐减小，灯泡 EL 的亮度变暗，直到熄灭。

5.2 单相半波可控整流电路研究

【技能目标】

（1）观察单相半波可控整流电路在电阻负载下，晶闸管在不同控制角时 u_d，i_d，u_T 的波形；

（2）观察单相半波可控整流电路在电感负载下，不接续流管 VD，晶闸管在不同控制角时 u_d，i_d，u_T 的波形；

（3）观察单相半波可控整流电路在电感负载下，接续流管 VD，晶闸管在不同控制角时 u_d，i_d，i_T，i_D，u_T 的波形；

（4）验证电阻负载时，$U_{\mathrm{d}} = 0.45U_2\dfrac{1+\cos\alpha}{2}$ 关系。

【实训器材】

单相调压器 1 台；单相同步变压器 1 台；单相半波可控整流电路板及元件 1 套；单结晶体管触发电路板及元件 1 套；电抗器 1 台；负载电阻灯泡 1 只；万用表 1 只；双踪示波器 1 台。

5.2.1　实训电路与原理

单相半波可控整流电路带电阻性负载，由于晶闸管的单相可控导电性，它只能在 u_2 正半周承受正向电压时，被触发导通后，导通电源电压 u_2 全部加到负载上，负载电压 $u_{\mathrm{d}} = u_2$。当 $\omega t = \pi$ 时，电源电压 u_2 过零，晶闸管关断，此时 u_{d}，i_{d} 均为零。在 u_2 负半周，晶闸管承受反向电压，处于反向截止状态，u_2 全部加在晶闸管两端，负载上的电压为零，如图 5.5（a）所示。

当单相半波可控整流电路带电感性负载时，由于电感阻碍电流变化的性质，使得负载输出电压 u_{d} 的波形出现了负值部分，得到的输出电压平均值减小，电流波形平滑。若加上续流二极管则可以避免出现负值电压，从而得到和电阻性负载时相同的负载输出电压波形。电路如图 5.5（b），（c）所示。

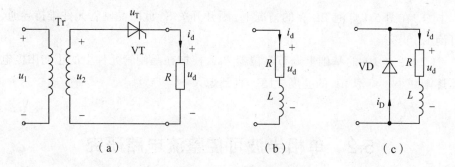

（a）　　　　　　　　（b）　　　　　　　　（c）

图 5.5　单相半波可控整流电路

5.2.2　实训内容与步骤

1. 单相半波可控整流电路带电阻性负载

（1）将单结晶体管触发电路的脉冲输出端与晶闸管的门极 G、阴极 K 连接好，再将负载电阻灯泡接到单相半波可控整流电路的直流电压输出端，最后将交流电源接到单结晶体管触发电路与单相半波可控整流电路。

（2）用万用表测量变压器二次侧电压、单相整流电路直流输出电压。

（3）用示波器观察单结晶体管触发电路，确保有脉冲输出。

（4）用示波器观察单相半波可控整流电路电阻负载下，晶闸管在控制角为 30°，60°，90°，120°，150°时 u_d，i_d，u_T 的波形。

（5）用万用表测量晶闸管在控制角为 30°，60°，90°，120°，150°时 U_d 的输出值，并与理论计算值进行比较。

2. 单相半波可控整流电路带电感性负载

（1）将电抗器与负载电阻灯泡串联后再接到单相半波可控整流电路的直流电压输出端，将交流电源接到单结晶体管触发电路与单相半波可控整流电路。

（2）用万用表测量变压器二次侧电压、单相整流电路直流输出电压。

（3）用示波器观察单结晶体管触发电路，确保有脉冲输出。

（4）用示波器观察单相半波可控整流电路电感负载下，晶闸管在控制角为 30°，60°，90°，120°，150°时 u_d，i_d，u_T 的波形。

3. 单相半波可控整流电路电感负载接续流管 VD

（1）将续流二极管与电感负载并联后再接到单相半波可控整流电路的直流电压输出端，将交流电源接到单结晶体管触发电路与单相半波可控整流电路。

（2）用万用表测量变压器二次侧电压、单相整流电路直流输出电压。

（3）用示波器观察单结晶体管触发电路，确保有脉冲输出。

（4）用示波器观察单相半波可控整流电路电感负载下，接续流管 VD，晶闸管在控制角为 30°，60°，90°，120°，150°时 u_d，i_d，i_T，i_D，u_T 的波形。

（5）用万用表测量晶闸管在控制角为 30°，60°，90°，120°，150°时 U_d 的输出值，并与理论计算值进行比较。

5.3 单相桥式半控整流电路研究

【技能目标】

（1）研究单相桥式半控整流电路在电阻、电感性负载时的工作情况及其特点；

（2）观察单相桥式半控整流电路在电阻、电感性负载下，晶闸管在不同控

制角时 u_d，i_d，u_T 的波形；

（3）观察半控桥电路在电感性负载不接续流管时的失控现象。

【实训器材】

单相调压器 1 台；单相同步变压器 1 台；单相桥式半控整流电路板及元件 1 套；单结晶体管触发电路板及元件 1 套；电抗器 1 台；负载电阻灯泡 1 只；万用表 1 只；双踪示波器 1 台。

5.3.1　实训电路与原理

单相桥式半控整流电路带电阻性负载时，其 u_d，i_d 波形为双半波输出，当带大电感负载时，由于电路由两只晶闸管和两只二极管共同构成，使得桥路二极管具有续流的作用，负载端的输出与带电阻性负载时一样。但是当 α 突然增大至 180° 或触发脉冲突然丢失时，会发生一个晶闸管持续导通而两个二极管轮流导通的失控现象。为防止失控现象的出现，一般要在负载端并联续流二极管 VD。电路如图 5.6 所示。

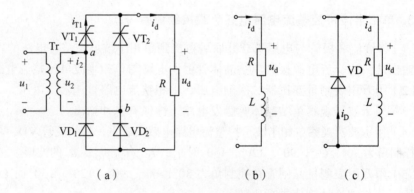

图 5.6　单相桥式半控整流电路

5.3.2　实训内容与步骤

1. 单相桥式半控整流电路带电阻性负载

（1）将单结晶体管触发电路的脉冲输出端与晶闸管的门极 G、阴极 K 连接，再将负载电阻灯泡接到单相桥式半控整流电路的直流电压输出端，最后将交流电源接到单结晶体管触发电路与单相桥式半控整流电路。

（2）用万用表测量变压器二次侧电压、单相整流电路直流输出电压。

（3）用示波器观察单结晶体管触发电路，确保有脉冲输出。

（4）用示波器观察单相桥式半控整流电路电阻性负载下，晶闸管在控制角为 30°，60°，90°，120°，150° 时 u_d，i_d，u_T 的波形。

（5）用万用表测量晶闸管在控制角为 30°，60°，90°，120°，150° 时 U_d 的输出值，并与理论计算值进行比较。

2. 单相桥式半控整流电路带电感性负载

（1）将电抗器与负载电阻灯泡串联后再接到单相桥式半控整流电路的直流电压输出端，将交流电源接到单结晶体管触发电路与单相桥式半控整流电路。

（2）用万用表测量变压器二次侧电压、单相整流电路直流输出电压。

（3）用示波器观察单结晶体管触发电路，确保有脉冲输出。

（4）用示波器观察单相桥式半控整流电路电感性负载下，晶闸管在控制角为 30°，60°，90°，120°，150° 时 u_d，i_d，u_T 的波形。

（5）在电路工作正常时，突然断开单结晶体管触发电路，用示波器观察 u_d 波形（即去掉脉冲时的失控现象）。

3. 单相桥式半控整流电路电感负载接续流管 VD

（1）将续流二极管与电感负载并联后再接到单相桥式半控整流电路的直流电压输出端，将交流电源接到单结晶体管触发电路与单相桥式半控整流电路。

（2）用万用表测量变压器二次侧电压、单相整流电路直流输出电压。

（3）用示波器观察单结晶体管触发电路，确保有脉冲输出。

（4）用示波器观察单相桥式半控整流电路电感负载下，接续流管 VD，晶闸管在控制角为 30°，60°，90°，120°，150° 时 u_d，i_d，i_T，i_D，u_T 的波形。

（5）在电路工作正常时，突然断开单结晶体管触发电路，用示波器观察 u_d 波形。

5.4　单结晶体管触发电路安装、调试

【技能目标】

（1）熟悉单结晶体管触发电路的工作原理及电路中各元件的作用；

（2）掌握单结晶体管触发电路的安装、调试步骤和方法；

（3）会分析单结晶体管触发电路的故障，能加以分析、排除；

（4）熟悉示波器的使用方法。

【实训器材】

单结晶体管触发电路的底板与电路所需要的元器件各 1 套；双踪示波器 1 台；万用表 1 只。

5.4.1 实训电路与原理

单结晶体管触发电路如图 5.7 所示，由同步变压器 Tr 副边输出 60 V 的交流同步电压，经 $VD_1 \sim VD_4$ 单相桥式整流，再由稳压管 D_Z 进行削波得到梯形波电压，该电压既作为单结晶体管触发电路的同步电压，又作为单结晶体管的工作电压。梯形同步电压对 C 充电，C 两端电压 u_C 上升到单结晶体管峰值电压 U_P 时，单结晶体管由截止变为导通，由电容 C 通过 e-b_1、R_{B1} 放电。放电电流在电阻 R_{B1} 上产生尖顶脉冲电压，由其输出触发脉冲，使晶闸管触发导通。随着电容 C 的放电，当电容两端电压下降至单结晶体管谷点电压 U_V 时，单结晶体管重新截止；电容 C 重新充电，重复上述过程。在一个梯形波周期内，单结晶体管可能导通、关断多次，但对晶闸管的触发只有第一个输出脉冲起作用。

调节电位器 R_P 的大小就可改变电容 C 的充电电流大小，改变电容 C 的电压到达单结晶体管峰值电压 U_P 的时间，改变第一个触发脉冲出现的时间，即改变晶闸管的控制角 α，实现脉冲的移相控制。

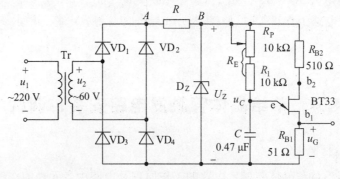

图 5.7 单结晶体管触发电路

5.4.2　实训内容与步骤

1. 单结晶体管触发电路的安装

（1）元件布置图与连线图的设计。根据单结晶体管触发电路的原理图画出元件布置图与布线图。

（2）元器件的选择与测量。根据单结晶体管触发电路的原理图选择元件并进行测量，特别是对二极管、三极管、稳压管与单结晶体管等元件的性能、极性、管脚进行测量与区分。

（3）元器件安装。按照单结晶体管触发电路的布置图，将元器件放置在电路板焊接位置上，安装元器件并做引线成形。弯脚时，应将元件根部留 5 ~ 10 mm 长度，以免损坏元器件。引线端除去氧化层后，涂上助焊剂，上锡备用。

（4）元器件焊接。根据单结晶体管触发电路的布线图进行焊接。焊接时焊点应圆滑无毛刺，焊接完成后应检查线路与焊点，避免出现虚焊、漏焊与错焊。

2. 单结晶体管触发电路的调试

（1）通电前检查。将焊接好的单结晶体管触发电路板与原理图对照检查。重点检查二极管、三极管、稳压管与单结晶体管等元件管脚是否正确，单相桥式整流电路输入、输出端是否短路，并将电位器 R_P 调节在中间位置。

（2）通电调试。将交流电源接到单结晶体管触发电路，观察电路板有无异常现象，如有异常现象，应立即断开交流电源，并仔细检查电路板，查出问题并给予解决。如无异常现象，则进行下面的步骤：

① 用万用表测量变压器二次侧 60 V 电压、单相整流电路直流输出电压和稳压管两端的直流电压是否正常。

② 用示波器逐一观察单结晶体管触发电路中的交流电压、整流输出 u_A、梯形波 u_B、电容 C 两端的锯齿波 u_C 以及单结晶体管的输出脉冲 u_G 的波形，如图 5.8 所示。

③ 调节电位器 R_P，同时用示波器观察电容 C 两端的锯齿波 u_C 波形的变化，与单结晶体管输出脉冲的移相范围。

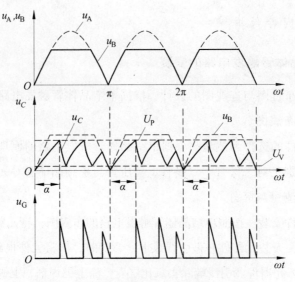

图 5.8 单结晶体管触发电路的输出波形

5.5 单相交流调压电路研究

【技能目标】

（1）通过观察电阻性和电感性负载的输出电压、电流波形，加深对晶闸管、交流调压工作原理的理解；

（2）加深理解单相交流调压电路带电感性负载对脉冲及移相范围的要求：移相范围在 $180° \geqslant \alpha \geqslant \varphi$（负载阻抗角）调节；

（3）熟悉用双向可控硅组成的交流调压电路的结构与工作原理。

【实训器材】

单相同步变压器 1 台；双向晶闸管交流调压电路板及元件 1 套；单结晶体管触发电路板及元件或 KCO5 晶闸管集成移相触发器 1 套；电抗器 1 台；可调电阻器 1 只；灯泡 1 只；万用表 1 只；双踪示波器 1 台。

5.5.1 实训电路与原理

将一种形式的交流电变成另一种形式的交流电，可以通过改变电压、电流、频率和相位等参数来实现。只改变相位而不改变交流电频率的控制，在交流电力控制中称为交流调压。

图 5.9 为采用单结晶体管触发电路的交流调压电路（注意脉冲变压器 TP 同名端的标法），电路工作在 I⁻、Ⅲ⁻触发方式。

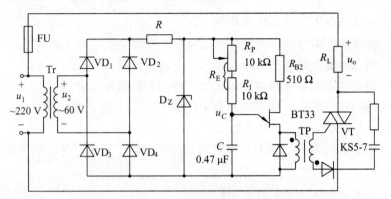

图 5.9 双向晶闸管交流调压电路（1）

图 5.10 为采用触发二极管的交流调压电路，触发二极管 VD 是三层 PNP 结构，两个 PN 结有对称的击穿特性，击穿电压通常为 30 V 左右。当双向晶闸管 VT 阻断时，电容 C_1 经电位器 R_P 充电，当电容两端的电压达到一定数值的时候，触发二极管击穿导通，双向晶闸管 VT 也触发导通，改变电位器 R_P 的阻值就可以改变控制角 α。电源反向时，触发二极管反向击穿导通，双向晶闸管 VT 也被触发导通，实现 I⁺、Ⅲ⁻触发方式，在负载上得到正、负缺角的正弦波，实现交流调压。

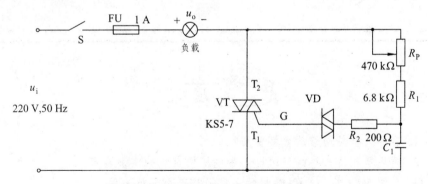

图 5.10 双向晶闸管交流调压电路（2）

5.5.2 实训内容与步骤

以图 5.9 所示电路为例，研究单相交流调压电路。

1）准备工作

用示波器查看单结晶体管触发电路中各点的波形是否正常，这里应注意触发脉冲的要求：负脉冲触发。否则应调换脉冲变压器 TP 次极的接线。

2）交流调压电路带电阻性负载

① 将负载电阻灯泡接到交流调压电路，再将交流电源接到电路。

② 用万用表测量电路的输入电压 u_i 与输出电压 u_o。

③ 用示波器观察电路各点的波形，特别是负载输出电压 u_o 与双向晶闸管 VT 两端的电压波形 u_T。调节电位器 R_P，得到不同的控制角，再观察电路各点的波形。

④ 调节电位器 R_P，观察负载灯泡的亮度变化，并用万用表测量输出电压的有效值。

3）交流调压电路带电感负载

（1）将电抗器与可调电阻器串联后再接到交流调压电路，首先短接双向晶闸管，然后将交流电源接通电路，用示波器同时观察电源电压与电流的波形，调节负载可调电阻器，将负载阻抗角调节到某一值，如 $\varphi = 60°$。

（2）断开电源，去掉双向晶闸管短接线，再接通电源，调节电位器 R_P，用示波器同时观察 $\varphi = 60°$ 时，$\alpha > \varphi$，$\alpha < \varphi$ 时的输出电压 u_o 与电流波形，调节过程中有时保险丝会突然熔断，这是因为 $\alpha < \varphi$ 时，单相交流调压突然变成单相半波可控整流，电路中有较大的直流分量，当负载电阻值较小时，直流分量电流很大，造成熔断。

思考题

1. 怎样进行晶闸管的好坏鉴别？

2. 简述单相桥式半控整流电路带电感性负载的实训步骤。

3. 在图 5.10 中，电阻 R_1 起什么作用？可否去掉不用？为什么？

第 6 章 基本电子电路安装实训

6.1 直流稳压电源的设计制作

【技能目标】

（1）掌握电路中各元器件的连接方法；

（2）能正确识别元器件。

【实训器材】

电烙铁、烙铁架各 1 件；三端可调正压集成稳压器 LM317；二极管、电阻、电容各 1 套；万用表 1 台。

6.1.1 实训内容

直流稳压电源用来提供电压，在各种电子线路中都要用到。在电子电路中，电源的质量对电路的性能影响非常重大。直流稳压电源组成类型繁多，本节利用应用较为广泛的三端可调正压集成稳压器 LM317，来制作一个稳压电源。

三端可调正压集成稳压器，三端指的是电压输入端、电压输出端和电压调整端，正压指的是输出正电压。国际流行的正压输出稳压器有 LM117/217/317 系列、LM123 系列、LM140 系列、LM138 系列和 LM150 系列等。以上集成稳压器命名方法无明显规律，其封装也各不相同。最典型的产品是 LM317，其符号和引脚位置如图 6.1 所示。LM317 的输出电压在 1.25 ~ 18 V 可调，所输出的电流可达到 1.5 A。

三端可调正压集成稳压器 LM317 的典型应用电路如图 6.2 所示。电阻 R_1 接在稳压器的输出端 2 和调整端 1 之间，其两端电压固定在 1.25 V（U_{REF}）。电阻 R_2 接在稳压器的调整端与电源地端之间。流过 R_2 的电流包括两部分：一部分是流过 R_1 的电流，另一部分是稳压器调整端流出的电流 I_A。这两个电流在 R_2 上产生的总电压降为

$$U_{R2} = (I_{R1} + I_{\mathrm{A}})R_2$$

而加在负载两端的电压则等于电阻 R_1，R_2 上的电压之和，即

$$U_{\mathrm{o}} = I_{R1}R_1 + I_{R1}R_2 + I_{\mathrm{A}}R_2$$

由于稳压器的调整端电流 I_{A} 仅有 50 μA，且非常稳定，而 $I_{R1} = U_{\mathrm{REF}}/R_1 = 1.25\ \mathrm{V}/240\ \Omega = 5\ \mathrm{mA}$，显然 $I_{R1} \gg I_{\mathrm{A}}$，因此可将上式中的 $I_{\mathrm{A}}R_2$ 忽略不计，则上式简化为

$$U_{\mathrm{o}} = I_{R1}R_1 + I_{R1}R_2$$

而 $\qquad I_{R1} = U_{\mathrm{REF}}/R_1$

因此

$$U_{\mathrm{o}} = R_1 \times U_{\mathrm{REF}}/R_1 + R_2 \times U_{\mathrm{REF}}/R_1$$
$$= U_{\mathrm{REF}}(1 + R_2/R_1)$$
$$= 1.25(1 + R_2/R_1)$$

从以上公式可以看出，把 R_1 固定，调节电阻 R_2 即可改变稳压器的输出电

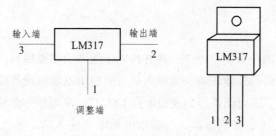

图 6.1　LM317 符号和引脚

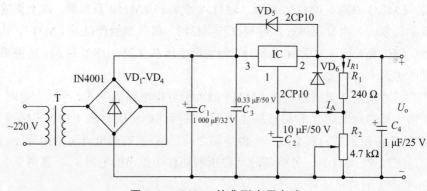

图 6.2　LM317 的典型应用电路

126

压 $U_\circ$。稳压器 LM317 可稳定工作在最大输出电压不超过 18 V 的情况下。固定电阻 R_1 用 240 Ω，调节电阻 R_2 用 0 ~ 4.7 kΩ，就能从输出端得到 1.25 ~ 18 V 的连续可调电压，输出电流可达 1.5 A。

6.1.2　元器件的作用及选择

R_1 是稳压器的外接取样电阻。由于 LM317 的最小负载电流是 5 mA，为了能保证这一点，R_1 的最大值为 $R_{1max} = U_{REF} / 5\,mA = 250\,\Omega$，实取 R_1 数值是 240 Ω。

R_2 是稳压器的外接可调取样电阻。当 R_1 确定之后，为了使输出电压 $U_\circ$ 在 1.25 ~ 18 V 之间连续可调，R_2 的变化范围应在 0 ~ 4.7 kΩ，所以使用了 4.7 kΩ 的可变电阻。电阻 R_1 和 R_2 均应选用阻值精确、温漂较小、种类相同的电阻，以使稳压器具有较高的性能，并能保证输出电压的质量。

C_1 是整流滤波电容，一般可选用 1 000 μF 的电解电容，耐压须不小于 32 V。

C_2 是为了要减小取样电阻 R_2 两端的纹波电压而设置的旁路电容。由于 R_2 上的电压是输出电压的组成部分，加上电容 C_2 之后，可以有效地减小输出纹波电压。C_2 容量取 10 μF，其耐压须不小于 50 V。

C_3 是稳压器输入端的滤波电容，可选用 0.33 μF，耐压不小于 32 V 的涤纶电容。

C_4 的作用是用来防止输出端呈容性负载时可能会出现的自激现象，当稳压器发生自激时，会失去稳压能力。C_4 一般使用 1 μF 的钽电容或 25 μF 的铝电解电容，耐压要大于 25 V。

VD_5 是保护二极管，可选用 2CP10，用来防止当输入端发生短路时，因 C_4 放电而造成稳压管内部调整管的损坏。如果输入端不会出现短路也可不用 VD_5。

VD_6 也是保护二极管，当接上电容 C_2 后，可以减小输出端的纹波电压。当外接取样电阻 R_2 上的电压超过 7 V 时，一旦输出端出现短路，电容 C_2 就会通过稳压器的调整端向输出端放电，稳压器中的放大管的 BE 结有可能会遭到损坏，而在调整端与输出端之间接上了 VD_6 后，在正常情况下，VD_6 反偏，不起作用；当输出端出现短路时，VD_6 因正偏而导通，为 C_2 提供了放电回路，从而保护了放大管。VD_6 可选用与 VD_5 性能相近的二极管。如果 C_2 的容量比较小，也可不用 VD_6。

具体的元件参数如表 6.1 所示。

表 6.1　稳压电源元件明细表

元件标号	元件名称	型号与参数
R_1	碳膜电阻 2 个	240 Ω
R_2	电位器	4.7 kΩ
C_1	涤纶电解电容	1 000 μF/32 V
C_2	涤纶电解电容	10 μF/50 V
C_3	涤纶电容	0.33 μF/50 V
C_4	钽电容	1 μF/25 V
$VD_1 \sim VD_4$	二极管	IN4001
$VD_5 \sim VD_6$	二极管	2CP10
IC	三端稳压	LM317
T	变压器	~ 220 V/18 V（6 W）

6.1.3　焊　接

首先根据电路原理图设计印制电路板，这里考虑到电源变压器体积较大，不宜安装在印制电路板上，因此将其单独放置。图 6.3 所示为稳压电源的印制电路板图。

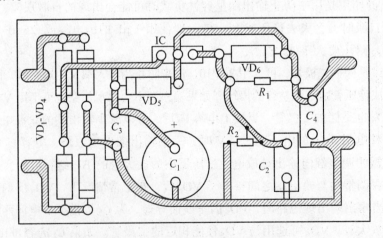

图 6.3　稳压电源的印制电路板图

大家参照图 6.3，自己动手设计制作印制电路板。印制电路板尺寸 70 mm×

50 mm。印制电路板制好后，即可选择元件，并进行检查测试。然后对元件整形刮脚、搪锡、焊接在正确的位置上。最后将安装好的印制电路板和变压器固定在 100 mm × 100 mm 的基板上，或直接组装在机壳底座上。左侧直流稳压电源的交流输入接变压器的二次端线，右侧直流输出通过引线或接线柱与外部负载相接，注意引线与壳体之间的绝缘。

用 LM317 三端可调集成稳压器制作稳压电源时，要注意以下几点：

（1）为了使集成稳压器的优良性能得到充分的发挥，保证稳压器正常工作，要将稳压器安装在适当的散热片上，如 LM317 的散热面积一般不应小于 100 mm^2，而且不可使稳压器输入与输出的压差超过允许值，以免造成稳压器的损坏。

（2）要正确连接好取样电阻 R_1 和 R_2。因为稳压器是靠外接取样电阻来给定输出电压，所以 R_1 和 R_2 的连接是否正确会直接影响稳压性能。在焊接电路时，应让 R_1 尽可能接近稳压器的调整端与输出端之间，否则，当输出端流过大电流时，将会在线路上产生附加的电压降，使输出电压不稳定。R_2 的接地点应该和负载电流返回的接地点相同，否则，R_2 上的电压降附加的地线上的电压降，也会引起输出电压的不稳定。R_1 和 R_2 应选用阻值精度高、材料相同的电阻，以保证输出电压的稳定度和精确度。

（3）应特别注意 4 个整流二极管和电容 C_1 的极性不能接反，整流二极管如果接错可能会烧毁集成稳压器甚至烧毁电源变压器。电容 C_1 的极性如果接反有可能会使电容爆裂。

（4）在外接电路全部接好后，应首先检查各个元器件本身是否完好，连接是否正确，有无虚焊、错焊或短路之处。在上述各点都检查正确之后，方可通电，进行下一步的检查与调试。

6.1.4　检查与调试

（1）当确认电路无误时，进行通电试验。观察电路有无冒烟、焦糊味、放电火花等异常现象，如果有，立即切断电源，查出原因。如无异常现象，可用万用表的交流电压挡测量变压器初级电压，应为 220 V 左右，次级电压应为 18 V 左右，用直流电压挡测整流滤波后的直流输出电压为 22 V 左右。

（2）输出电压 U_o 和输出电压调节范围。调节电位器 R_2，U_o 可在 1.25 ~ 18 V 内连续可调，若调节范围达不到要求，应重新调整 R_1 和 R_2 的阻值。

（3）输出电流 I_o 的调整。调节 R_2，使 U_o = 4.5 V，改变负载电阻 R_1，使输

出电流分别为 100 mA 和 1.5 A，此时 LM317、变压器等元器件应无异常现象发生。

6.1.5　常见故障分析与检修

如果电路工作不正常，则可用下面的方法进行检修。现将常见的故障现象及其排除方法列举如下：

（1）二极管冒烟；变压器发热；无输出电压或输出电压很低，电流很大。以上现象说明有短路故障，可能是：二极管极性接反（自行分析二极管分别接反时产生的结果）；滤波电容 C_1 或 C_4 极性接反（注意：此时还可能导致电容爆炸）。

（2）输出电压很低，电流很小：

若测得 $U_1 = 8$ V，则可能有一个或两个二极管以及滤波电容 C_1 脱焊，成为半波整流。

若测得 $U_1 = 16$ V，则可能滤波电容脱焊，成为全波整流。

若测得 $U_1 = 18$ V，则可能有一个或两个二极管脱焊，成为半波整流电容滤波。

若测得 $U_1 = 25$ V，则可能三端稳压器的输入端脱焊。

（3）调节 R_2 不起作用，测得 $U_0 = 21$ V，说明二极管 VD$_5$ 接反。

（4）调节 R_2 不起作用，测得 $U_0 = 1.25 \sim 18$ V 之间的某一数值，则可能：VD$_6$ 接反；R_2 滑动点焊片虚焊或脱焊；R_2 已坏；R_1 变质。

（5）输出电压中有高频寄生振荡，则可以在输出端接 0.1 ~ 1 μF 电容，消除自激振荡。

从以上故障现象的观察、分析和排除的过程可以看出，元器件的质量检查是基本要求，焊接技术是关键所在。观察现象，掌握规律，总结经验都必须通过实践来完成。这种实践还必须是理论指导下的实践，不能盲目地东敲西打、乱拆乱换。

6.2　抢答器设计制作实训

【技能目标】

（1）掌握电路中各元器件的连接方法；

（2）能正确识别元器件。

【实训器材】

电烙铁、烙铁架各 1 件；元器件 1 套；万用表 1 台。

6.2.1　抢答器电路原理

图 6.4 所示为抢答器原理图，图中将时基电路 555 的高电平触发端 6 脚和低电平触发端 2 脚相连，构成施密特触发器。若加在 2 脚和 6 脚上的电压超过 $(2/3)V_{CC}$ 时，3 脚输出低电平；若加在 2 脚和 6 脚上的电压低于 $(1/3)V_{CC}$ 时，3 脚输出高电平。当主持人按下开关 S，施密特触发器得电，因 4 个抢答键 SB_1 ~ SB_4 都没有按下，处于开路状态，晶闸管 VT_1 ~ VT_4 的控制端无触发脉冲，VT_1 ~ VT_4 处于阻断，2 脚和 6 脚通过 R_1 接地而变为低电平，所以 3 脚输出高电平，此时抢答器处于等待状态。

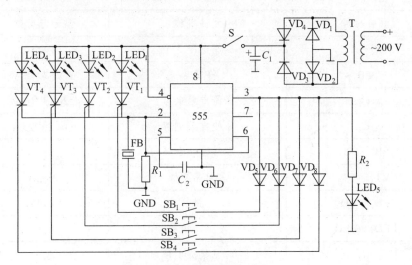

图 6.4　抢答器原理图

假如 SB_1 最先被按下，则 3 脚的高电平通过 SB_1 作用于晶闸管 VT_1 的控制端，VT_1 导通，红色发光二极管 LED_1 发光，+9 V 电源通过 LED_1 和 VT_1 作用于 555 的 2 脚和 6 脚，2 脚和 6 脚变为高电平，蜂鸣器 FB 得电压发出提示音。施密特触发器翻转，3 脚输出低电平。因 3 脚输出为低电平，所以此后再按下 SB_2 ~ SB_4 时，也没有触发电压送入 VT_2 ~ VT_4 的门极，VT_2 ~ VT_4 维持关断状态，LED_2 ~ LED_4 不亮，LED_1 独亮，说明按 SB_1 键者抢先成功。此后主持人将开关 S 打开，复位晶闸管，LED_1 熄灭。进行下次抢答前，主持人重新闭合开关 S，抢答器又处于等待状态。为保证某一键最先按下后，相应的 LED 发光，而稍后再按其他键，其他的 LED 都不亮，电路特别在输出端 3 脚和轻触开关之间增加了二极管 $VD_5 \sim VD_8$，以保证晶闸管可靠截止。

6.2.2　元器件选择

抢答器所用电源采用 220 V 市电经变压器降压，$VD_1 \sim VD_4$ 整流，电容 C_1 滤波，为抢答器提供 + 9 V 直流电压。二极管 $VD_1 \sim VD_8$ 选用 IN4001，滤波电容 C_1 用 220 μF/16 V，C_2 选 0.01 μF/25 V，R_1 和 R_2 为 1 kΩ，$LED_1 \sim LED_5$ 选红色发光二极管，S 为拨动开关，$SB_1 \sim SB_4$ 为轻触按钮开关，可选用一般常开动合按钮。单向晶闸管选 2P4M，IC 为时基电路 555，蜂鸣器 FB 选用直流 3 ~ 9 V 高音蜂鸣器。抢答器的抢答键数根据需要可随意增减。表 6.2 为所用元件列表。

表 6.2　抢答器元件明细表

元件标号	元件名称	型号与参数
$R_1 \sim R_2$	碳膜电阻 2 个	1 kΩ
FB	蜂鸣器	直流 3 ~ 9 V
C_1	涤纶电解电容	220 μF/16 V
C_2	涤纶电解电容	0.01 μF/25 V
$SB_1 \sim SB_4$	轻触按钮开关	
$VT_1 \sim VT_4$	单向晶闸管	2P4M
$VD_1 \sim VD_8$	二极管	IN4001
$LED_1 \sim LED_5$	发光二极管	红色
IC	时基集成电路	555
S	拨动开关	—
T	变压器	~ 220 V/6 V（6 W）

6.2.3　焊接与组装

抢答器可根据现场情况安装，有多种组装形式。这里只给出其中一种，即 4 个抢答按钮键分别放在抢答台上，除此以外的其他元器件都安装在主机内，主机面板上有 4 个发光二极管 LED 依次排列，主持人控制开关 S 置于主机面板的左上角，主机放置在主持人工作台，各抢答台的按键通过导线与主机相接。印制电路板如图 6.5 所示。将所用元件一一进行测试合格后，进行整形、搪锡、焊接在印制电路板上，注意 4 个 LED 管和拨动开关 S 要突出在主机面板之外，以便于主持人观察和操作。

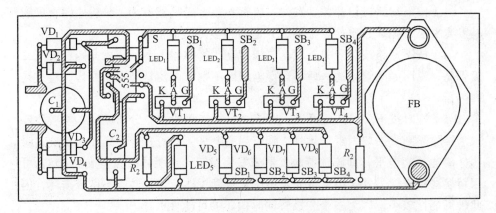

图 6.5 抢答器印制电路板图

6.2.4 现场调试

组装完成后，检查电路，若线路正确，即可通电调试。

（1）各抢答台单独测试。接通电源，按下电源开关 S，再按下抢答开关 SB_1，红色发光二极管 LED_1 亮，蜂鸣器发出提示音。重复上述过程，分别测试各个抢答台，均应如此。若发现其中一组或几组不能正常工作，应重点检查相应的连线，包括外部连线和内部连线。若各工作台均不能正常工作，则故障可能出在印制电路板或连线上。

（2）模拟抢答测试。单独测试正常后，进行模拟测试。按下电源开关 S，复位晶闸管，同时按下开关 SB_1，SB_2，SB_3，SB_4，此时应只有其中一组 LED 亮，蜂鸣器发出提示音，其他几组的 LED 均不亮，表明抢答有效，抢答器工作正常。若不正常，则应进行下面的检修。

6.2.5 常见故障及检修

（1）整流电源输出无 +9 V 直流电压。首先检查变压器一次、二次交流电压是否正常，然后再检查整流、滤波电路输出电压。

（2）按下某路按钮开关，发光二极管不亮，蜂鸣器无声。分析原因：若电源电压正常，则一般可能是该路晶闸管损坏，应对晶闸管进行检查。检查方法：用万用表"$R \times 1k$"挡，测量晶闸管阴极和门极，门极接黑表笔，阴极接红表笔，电阻应为几千欧。阴极接黑表笔，门极接红表笔，电阻应接近无穷大。门极与阳极、阴极与阳极正、反向电阻均为无穷大。否则，说明晶闸管损坏。

（3）按下某路按钮开关，发光二极管不亮，蜂鸣器有声。分析原因：可能是发光二极管损坏，更换二极管，并适当调整限流电阻。

（4）按下某路按钮开关，发光二极管亮，蜂鸣器无声。分析原因：发光二极管亮，说明晶闸管导通，蜂鸣器得电压而不响，可能是蜂鸣器损坏，应更换蜂鸣器。

（5）同时按下多路按钮开关，有多个发光二极管亮。分析原因：参考故障（2）排除晶闸管损坏因素，此时 2 脚应为高电平，而有多个发光二极管亮，说明 3 脚也为高电平，即施密特触发器未发生翻转，说明故障在集成块 555，可用替换法检修。另外，也有可能是钳位二极管 $VD_5 \sim VD_8$ 性能不良或损坏，但此种可能性较小，因为多个二极管同时损坏的可能性极小。

6.3　彩灯控制器设计制作

【技能目标】

（1）了解电路的组成；

（2）掌握电路中各元器件的安装连接方法；

（3）能正确识别元器件。

【实训器材】

电烙铁、烙铁架各 1 件；元器件 1 套；万用表 1 台。

6.3.1　电路工作原理

本彩灯控制器可以实现三组彩灯自动转换，各组控制彩灯的双向晶闸管均在 220 V 交流电源过零点时触发，因此产生干扰小。天黑时，控制器可以自动开始工作，也可以手控使其在需要时开始工作。控制电路与彩灯的主电路之间相互隔离，使用非常安全。各彩灯的位置可以按照各人的爱好自行排列。

图 6.6 所示为彩灯控制器的原理图，彩灯的通断频率可以预置。由 V_1 控

制的第一组彩灯的通断频率为预置频率，其余两组按预置频率的一半交替通断。振荡器的 3 个输出端分别通过 3 只光耦合器触发 3 只双向晶闸管，从而使 3 组彩灯分别按输出脉冲的频率进行通断，用开关 S_1 可以选择手动控制或自动控制。

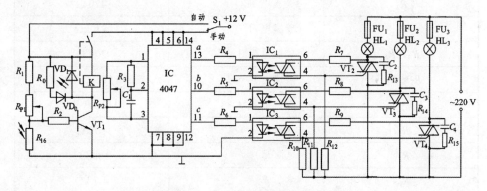

图 6.6　彩灯控制器的原理图

电路中的 IC 组成多谐振荡器，它输出 a，b，c 这 3 个不同的脉冲信号。其中 13 脚输出的脉冲 a 是基频；10 脚输出的脉冲 b 是基频的 1/2；11 脚输出的脉冲 c 也是基频的 1/2，但正好与 b 反相。振荡频率由 1，2，3 脚的 RC 网络决定，R_{P2} 用来预置振荡频率。

光敏电阻 R_{16} 控制进入 VT_1 的基极电流。当 S_1 置于“自动”位置时，R_{16} 因受白天光照而阻值减小，使 VT_1 只有很小的基极电流而不足以导通。此时，继电器 K 不工作，IC 无电源电压，控制器和彩灯不工作。到了晚上，R_{16} 因光照减弱而阻值增大，使 VT_1 因基极电流增大而导通。此时，继电器工作，IC 加上电源电压，控制器和彩灯自动开始工作。调节 R_{P1} 可以使彩灯在某一光照程度下开始工作。如果将 S_1 置于“手动”位置，则电源电压直接加在 IC 上，控制器和彩灯立即工作，不再受光照控制。

当脉冲的占空比为 50%（方波）时，13 脚的导通时间 t（单位为 s）为

$$t = 2.2(R_{P2} + R_3 \times C_1)$$

6.3.2　元器件的选择

彩灯控制器所需元器件列在表 6.3 中，应用时按该表选择。

表 6.3 彩灯控制器元件明细表

元件标号	元件名称	型号与参数
R_0，R_1	碳膜电阻 2 个	1.2 kΩ
R_2	碳膜电阻	470 Ω
R_3	碳膜电阻	5.6 kΩ
$R_4 \sim R_6$	碳膜电阻 3 个	200 Ω
$R_7 \sim R_{12}$	碳膜电阻 6 个	300 Ω（1/2 W）
$R_{13} \sim R_{15}$	碳膜电阻 3 个	10 Ω（3 W）
R_{16}	光敏电阻	10 kΩ
R_{P1}	电位器	100 kΩ
R_{P2}	电位器	4.7 kΩ
C_1	涤纶电容	1 μF
$C_2 \sim C_4$	涤纶电容	0.1 μF/400 V
VD_0	发光二极管	红 色
VD_1	二极管	IN4001
VT_1	晶体管	BC107
$IC_1 \sim IC_3$	光耦合器	MOC3062
IC	振荡器	4047
$VT_1 \sim VT_3$	双向晶闸管 3 个	SC146D
$HL_1 \sim HL_3$	彩色灯泡 3 个	60 W/220 V
$FU_1 \sim FU_3$	熔断器	5 A
S_1	双掷开关	—
K	继电器	12 V

6.3.3 安装、调试与检测

控制器由 500 mA/12 V 直流稳压电源供电。控制电路部分单独做在一小型印制电路板上，如图 6.7 所示。光敏电阻 R_{16} 可根据实际使用条件装在适当位置。

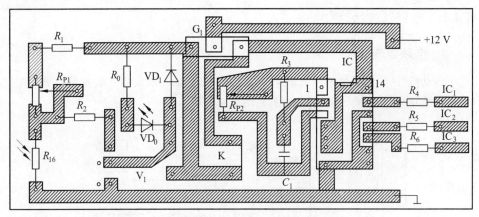

图 6.7 控制部分装配图

　　图 6.7 所示为电路的执行部分，装在另一块印制电路板上，将它和散热器装在控制印制电路板下面，然后再把两板的输入、输出端分别连接起来。在所需的光照程度下，调节 R_{P1} 使发光二极管 VD_0 刚好开始点亮，脉冲亮度通常用 R_{P2} 调到 330 ms（相当于 3 Hz），也可根据需要调到其他数值。使用两块电路板可为以后更换不同功率的执行板带来方便。在实际应用中，还可以用一只常闭触点按钮开关串联一只 1 ~ 2 kΩ 电阻来代替光敏电阻 R_{16}，这样在生日宴会中需要彩灯突然点亮时，只需按下此按钮即可。

6.4　自动洗手节水器制作

【技能目标】

　　（1）了解电路的组成特点；

　　（2）了解电路的安装和调试方法；

　　（3）能正确识别元器件；

　　（4）学会制作简单的非标器件。

【实训器材】

　　电烙铁、烙铁架各 1 件；元器件 1 套（按图 6.9 配备）；万用表 1 台；示波器 1 台。

6.4.1 电路工作原理

1. 电路组成

自动洗手节水器是由红外发射器、红外接收器、放大器、进水管、固态继电器和稳压电源组成，其电路框图如图 6.8 所示。

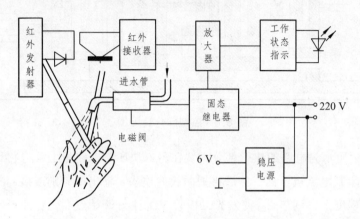

图 6.8 自动洗手节水器电路框图

2. 主要元件及其作用

图 6.9 为自动洗手节水器电路图。图中振荡器是由 VT_1，VT_2，R_1，R_2，C_1 等组成，其振荡频率约为 40 kHz。红外发射器是由红外发射管 LED_1（VT_2 的负载）组成，发出频率约为 40 kHz 左右的红外线。

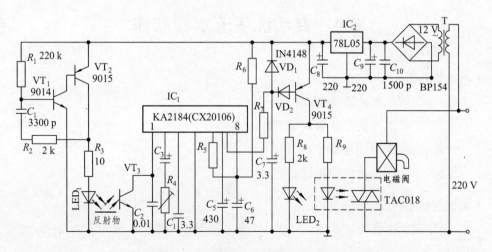

图 6.9 自动洗手节水器电原理图

红外接收器是由红外光电三极管 VT_3、集成电路 KA2184（或 CX20106）及一些阻容元件组成。KA2184（CX20106）是红外接收集成电路，图 6.10 表示它的内部结构，表 6.4 列出其引脚功能及电压值。该电路可通过外接电阻改变中心接收频率（$f_o = 30 \sim 60 \text{ kHz}$），其典型值为 40 kHz，输出为集电极开路式（可以直接驱动 TTL 或 CMOS 电路），其电源电压极限值为 17 V（最佳值为 $4.7 \sim 5.3 \text{ V}$）。

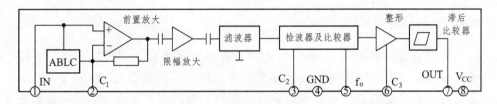

图 6.10　KA2184 的内部结构

表 6.4　KA2184（CX106）的引脚说明以及电压值

引脚	符号	作　用	电压值（静态）
1	IN	与地之间接红外接收管（光电二极管或光电三极管）	2.5 V
2	C_1	外接 R，C 串联电路，决定前置放大器的放大倍数	2.5 V
3	C_2	外接检测用的电容	1.5 V
4	GND	接　地	通
5	f_o	外接电阻，用来决定接收的中心频率 f_o	1.4 V
6	C_3	外接电容，用于整形	1 V
7	OUT	集电极开路输出端	5 V
8	V_{CC}	工作电源正极	5 V

3. 洗手节水器工作过程

当光电三极管 VT_3 接收到由于反射回来的红外线时，KA2184 的⑦脚输出电压由高变低，VT_4 由截止变为导通。当 VT_4 导通时，它的集电极电流分成两路：一路经 R_9 加到固态继电器 TAC018 上，使其导通，于是电磁阀通电，打开阀门，自来水流出；另一路经 R_8 加到 LED_2 上，使其发光指示。本装置的电源是由变压器 T 降压输出交流 12 V,经整流、滤波,通过三端稳压集成电路 78L05 输出 + 5 V 的稳压电压。

6.4.2　元器件选择

IC$_1$选用集成电路 KA2184（CX20106），IC$_2$选用三端稳压集成电路 78L05。VT$_1$选用 9014 晶体三极管，VT$_2$，VT$_4$均选用 9015 晶体三极管；VT$_3$选用光电三极管；LED$_1$选用红外发射管，LED$_2$选用 ϕ5 mm 红色发光二极管。固态继电器选用 TAC 型。其他元件如图 6.9 中的标注所示，无特殊要求。

6.4.3　制作与调试

将所有元件按图 6.11 所示焊装在一块印制电路板上。然后将印制电路板、变压器及电磁阀按图 6.12 所示安装在底座上。在底座上的位置安排以紧凑为好，并要求电磁阀的进水口轴线与光电元件的隔板重合，电磁阀与底座的连接如图 6.13 所示。底座可采用塑料板、玻璃纤维板等自行制作，厚度为 1.5 ~ 2 mm。

在底座上装好印制板、电磁阀和变压器后，检查无误即可通电调试。通电后，将手由远逐渐靠近光电元件（在调整时应防止有过强光照射光电三极管，使其误动作），在达到 15 cm 左右时，工作状态指示灯应亮，电磁阀发出"嗒"的一声，并伴随有交流声，表示工作正常。如果在大于 15 cm 处工作状态的指示灯亮，则说明灵敏度太高，可调整 R_4，使灵敏度减小；如果在小于 10 cm

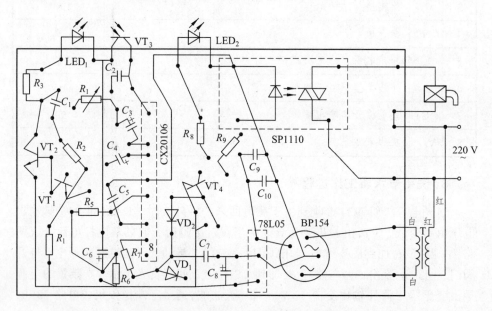

图 6.11　自动洗手节水器印制板图

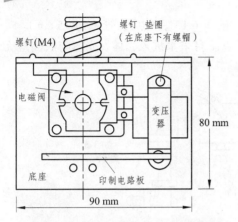

图 6.12　印制板、电磁阀、变压器排列

图 6.13　电磁阀与底座的连接

时状态指示灯还没亮，则说明灵敏度太低，向相反方向调 R_4，使它在 10～15 cm 范围内工作正常。如果调整 R_4 无效，应首先再检查各元件是否焊接有误。测 KA2184 的⑦脚电压：当手对光电元件的位置由远到近变化时，若它的电压由 4.3 V 左右变到 2.6 V 左右，则说明红外发射及接收部分是好的，这时应重点检查 VD_2 是否接反或 VT_4 的管脚是否接错。如果手对光电元件的位置由远到近变化时，⑦ 脚的电压不变化，则问题出在红外线接收之前，应重点检查红外发射二极管、光电三极管有无接反，9014 与 9015 是否装错，或其管脚是否焊接有误。

　　调试完毕，装上外壳。外壳的尺寸高度约为 65 mm，其外形如图 6.14 所

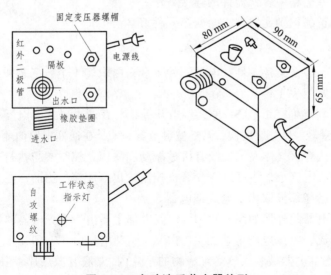

图 6.14　自动洗手节水器外形

示。外壳装好后，即可拆下原水龙头，按图 6.15 装上加长管（约 15 cm）。进水口与底板间最好加粘一个橡胶垫圈，以防自来水进入壳体。壳体与底座应无间隙，这样可防止水进入壳体。

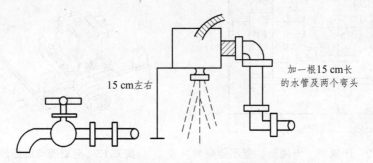

15 cm 左右

加一根 15 cm 长的水管及两个弯头

图 6.15　自动洗手节水器加长管示意图

这种自动洗手节水器，当手一伸到水龙头下 10～15 cm 时，就自动来水，手一离开，水龙头就自动停水，因此使用本装置可获得明显的节水效果。

6.5　固态继电器制作

【技能目标】

（1）掌握电路中各元器件的连接方法；

（2）能正确识别元器件，会判断元件好坏。

【实训器材】

电烙铁、烙铁架各 1 件；电子元件 1 套；白炽灯 1 个；三芯插座 1 个；断路器 1 只；万用表 1 台。

固态继电器（SSR）是一种无触点开关，与普通电磁式继电器相比，具有体积小、重量轻、开关速度快、无机械触点等特点，在通断电路时不产生电弧，且耐冲击、抗有害气体腐蚀，没有机械振动和噪声，控制端与执行端隔离，其驱动电压低、电流小，还可以与计算机控制输出端配接。因而，在各种电子电器装置中，已经部分取代了老式继电器。

固态继电器的外形如图 6.16 所示，其内部主要由一个光电隔离器和一个双向可控硅组成，隔离电压可达 2～7.5 kV，驱动电流由几安到几十安甚至几百安。通常固态继电器被装入填满绝缘物的小盒内，盒底有散热片，还有 4 个（根）或 8 个（根）与外部引线相连的螺钉孔（引角），结构比较简单。

一般的固态继电器存在以下缺点：一是价格高，二是封装在塑料中，无法修理；三是双向可控硅功率越大，漏电流也越大。

（a）单相固态继电器

（b）三相固态继电器

图 6.16　固态继电器外形

6.5.1　固态继电器工作原理

固态继电器是一个受输入电压或输入电流控制的开关。图 6.17 是固态继电器的控制示意图，在控制电路的作用下，当开关 K 闭合时，负载通电，当开关 K 断开时，负载断电。根据这个原理，也可以自制一个固态继电器，电路如图 6.18 所示。这个电路的特点是成本低，并且一旦出现故障也可以进行修理。其工作原理为：当输入端有 4～10 V 的电压输入时，VT_1 导通，IC1 中的 LED 发光，双向光电二极管导通，经 R_3、R_4、R_5 在双向可控硅 VT_2 控制端 G 产生一个触发信号，此时 VT_2 导通，这样在负载上就有电流流过了。

图 6.17　固态继电器控制示意图

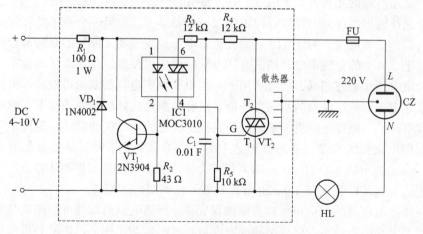

图 6.18　固态继电器原理图

在图 6.18 中，二极管 VD_1 在输入接反时可以提供保护。电阻 R_1 为限流电阻，用来限制输入电流，如果为了增加抗干扰能力，采用较大的输入电压，则可以加大 R_1 的阻值，如果 R_1 取 470 Ω，则需 12 V 的输入电压才能使继电器接通，R_1 的额定功率取决于输入电压，当输入为 10 V 时，R_1 所需功率为 1 W，当输入电压大于 3 V 时，VT_1 集电极和发射极之间的电压就几乎稳定在 2.45 V，即为 1.75 V 的标准 LED 导通电压加上 0.75 V 的 V_{BE} 压降，因此，R_1 上的压降是输入电压减去约 2.5 V。

固态继电器接通所需的最小输入电压由 IC1 中 LED 的最小导通电流和电阻 R_1 决定，MOC3010 光耦合器中的 LED 最小导通电流为 15 mA，因此，用图 6.18 所示的元件做成的电路，其最小输入电压约为 4 V，即电阻 R_1 上的压降 1.5 V（15 mA × 100 Ω），LED 上的压降 1.75 V，以及 VT_1 的 V_{BE} 电压 0.75 V 三者之和。有人可能希望通过降低 R_1，或换用 LED 电流较小的光耦合隔离器来降低最小输入电压，但 LED 上至少需约 1.75 V 的电压才开始发光，因此，要使固态继电器工作于输入电压小于 3 V 是不实际的。通过 LED 的最大电流由电阻 R_2 设定。

R_2 的电压达到约 0.55 V 时，VT_1 开始导通，对 LED 进行分流。因此，当输入电压增加时，R_1 的电流同时增加，但通过 LED 的电流却在上升到约 15 mA 时即停止增加。所以，最小 LED 电流不是能通 LED 的最小电流，而是能使双向可控硅工作的最小电流。

6.5.2 元器件选择

电路所需的元器件列于表 6.5 中，使用时按表中参数要求选用。

选择输出器件双向可控硅时需满足三个基本要求：第一个要求是应满足通断所需的交流电压，对于 115 V 的交流市电，至少需要 200 V 的双向可控硅，而对于 220 V 的交流市电，则需要 400 V 的双向可控硅，这是最低的要求，如果市电电压比上述略高，宁可选用下一挡更高额定电压的双向可控硅。第二个要求是电流。额定电流的双向可控链，只有在满足良好散热的条件下才能通断额定电流。当用在电动机控制时，需要特别注意的是电机的启动电流比正常运转时的电流要大得多，有时甚至达十多倍。第三个要求是控制板触发电流。Motorola 公司的 MOC3020 光隔离器可为输出双向可控硅提供约 100 mA 的驱动电流。这足以触发以 TO-220 形式封装的任何双向可控硅。

采用电隔离的双向可控硅更能确保安全。所谓电隔离双向可控硅就是电气连接与外壳隔离的可控硅，早期的双向可控硅一般均不隔离。这就必须使用云

表 6.5　固态继电器制作元器件明细表

元件标号	元件名称	型号与参数
R_1	碳膜电阻	100 Ω/1W
R_2	碳膜电阻	43 Ω
R_3	碳膜电阻	12 kΩ/1 W
R_4	碳膜电阻	12 kΩ/1 W
R_5	碳膜电阻	10 kΩ/1 W
VD_1	二极管	1N4002
VT_1	三极管	2N3904
IC_1	光耦合器	MOC3020
C_1	电　容	0.01 μF/400 V
VT_2	双向可控硅	SC146D
FU	空气断路器	6 A
HL	白炽灯	25~40 W
CZ	三芯插座	25 V，5 A

母垫圈和热润滑硅脂。隔离可控硅也可以使用散热润滑硅脂，有助于降低工作温度，不再需要使用云母垫圈了。如果不清楚自己的可控硅是否隔离的，只要简单地测量一下可控硅各引线与外壳间的电阻即可，隔离双向可控硅的三条引线均对外壳开路，电阻呈无穷大。

　　对于比较简单的固态继电器，这两种光隔离器只适用于控制 110 V 或 115 V 交流市电。我国大部地区使用的是 220 V 市电，这就要求光耦合器件和双向可控硅按此要求配置，如光耦合器可用耐压为 400 V 的 MOC3020 和 MOC3040，双向可控硅也应使用耐压为 400 V 的元件，生产光隔离器的公司很多，只要电特性和引脚均相容就可以直接代换。

6.5.3　安装与调试

　　制作时，除负载、断路器和插座外，其余作为固态继电器主体，集中装在一块印制板上，如图 6.19 所示，制作前应先检查元器件的好坏，特别注意三极管、可控硅、光耦合器的管脚必须放置正确，不可错装，印制板做好后，将元器件按照图 6.19 装上即可。调试时，可以先在输入端接入一个调压器，从 3.5 V

起调，当调至负载 HL 正常发光为止，此时的输入电压就是固态继电器的最低输入电压。

制作固态继电器时，需要将 220 V 的交流电引至印刷电路板，这在电气上可以保证安全，但更为完善的办法是在印制板上有交流电的一边用硅胶涂覆，也可以只使用已经隔离的双向可控硅（其外壳与双向可控硅器件本身已被电气隔离），还可以散热片的接地线接地。

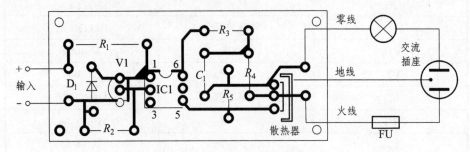

图 6.19　固态继电器印刷电路

虽然不用印刷电路板也可以制作固态继电器，但如果使用本书给出的印刷电路板图制作一块印刷板，会使制作更容易。在图 6.19 所示的元件配置图中，要注意的是，如使用双向可控硅在额定电流时需使用散热片。如果可控硅留下的引线较长，应当采区措施使散热片贴紧可控硅。还需记住，不论使用的可控硅是否隔离的，散热片都必须接地。

6.6　电子灭蚊拍电路图与制作

【技能目标】
（1）掌握电路中各元件的连接安装方法；
（2）能正确识别元器件。

【实训器材】
电烙铁、烙铁架各 1 件；元器件 1 套；万用表 1 台。

6.6.1　电子灭蚊拍电路原理

电子灭蚊拍的电路如图 6.20 所示，它主要由高频振荡电路、三倍压整流电路和高压电击网 DW 三部分组成。电路中，发光二极管 VD_1 和限流电阻器 R_1

构成指示灯电路，用来指示电路通断状态及显示电池电能的耗损情况。当按下电源开关 SB 时，由三极管 VT 和变压器 T 构成的高频振荡器通电工作，进入 3 V 直流电变成 18 kHz 左右的高频交流电，经 T 升压到约 500 V（L_3 两端实测），再经二极管 $VD_2 \sim VD_4$、电容器 $C_1 \sim C_3$ 三倍压整流升高到 1 500 V 左右，加到蚊拍的金属网 DW 上。当蚊蝇触及金属网丝时，虫体造成电网短路，即会被电流、电弧杀灼或击晕、击毙。

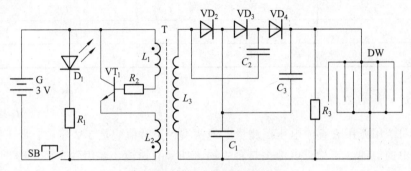

图 6.20　电子灭蚊拍原理图

6.6.2　元器件的选择

晶体管 VT 选用 2N5609 型硅 NPN 中功率三极管，亦可用 8050 型、9013 型等常用三极管代替。VD_1 用 ϕ3 mm 红色发光二极管，$VD_2 \sim VD_4$ 用 1N4007 型硅整流二极管。$R_1 \sim R_3$ 均用 RTX-1/8W 型碳膜电阻器。$C_1 \sim C_3$ 一律用 CL11-630 V 型涤纶电容器，SB 用 6 mm × 6 mm 立式微型轻触开关。G 用 5 号干电池两节串联（配塑料电池架）而成，电压 3 V。高频变压器 T 须自制：选用 2E19 型铁氧体磁芯及配套塑料骨架，L_1 用 ϕ0.22 mm 漆包线绕 22 匝，L_2 用同号线绕 8 匝，L_3 用 ϕ0.08 mm 漆包线绕 1 400 匝左右。注意：图中黑点为同名端，头尾顺序绕，绕组间垫一、二层薄绝缘纸。表 6.6 列出了元件明细。

表 6.6　电子灭蚊拍元件明细表

元件符号	元件名称	型号和参数
VT	NPN 三极管	2N5609
VD_1	发光二极管	ϕ3 mm 红色
$VD_2 \sim VD_4$	二极管	1N4007
R_1	碳膜电阻	56 Ω
R_2	碳膜电阻	680 Ω

续表 6.6

元件符号	元件名称	型号和参数
R_3	碳膜电阻	20 MΩ
$C_1 \sim C_3$	涤纶电容器 3 个	0.022 μ/630 V×3
SB	立式微型轻触开关	6 mm×6 mm
G	5 号干电池两节	1.5 V
DW	金属网	
T	高频变压器	

6.6.3 常见故障及检修

（1）用万用表直流电压挡测量电池两端，正常值应是 3 V 左右，低于正常值要更换电池。再检查电池夹是否生锈，如果有锈渍，要用砂布擦干净。

（2）指示灯 VD_1 不亮，在保证电池 G 供电正常的情况下，故障多系按钮开关 SB 内部接触不良所致。SB 为 6 mm×6 mm 立式微型轻触开关，在 120 mA 工作电流条件下频繁开关，极容易造成内部触点氧化开路，换用新的即可排除故障。如果 SB 接触良好，发光二极管仍然不亮，则要检查发光二极管。

（3）VD_1 亮，但无高压产生，这时听不到变压器 T 在通电瞬间产生的音频"吱……"声，说明振荡电路不工作。故障原因多为 VT 损坏，换用 2N5609 或 D467 新管即可排除故障。如果手头无此类管子，亦可用 8050、9013 NPN 型三极管代替。如果检查 VT 并未损坏且通电后明显发烫，说明变压器 T 内部线圈（尤其高压线圈 L_3）击穿，须用同规格漆包线重绕制，一般这种故障并不多见。

（4）高压不足，原因多是 $C_1 \sim C_3$ 中有电容开路或容量变小，或二极管 $VD_2 \sim VD_4$ 其中之一损坏。检查倍压电容，用万用表×1 挡在路测量电容两端，指针没有偏向零点，就是好的。如果击穿，指针就会偏向零点。电容击穿后，电蚊拍通电会发出"吱吱"声。检查升压二极管，用万用表×10 挡在路测量二极管两端，正反向电阻正常就是好的。如果击穿，指针就会偏向零点。

另外，电池 G 电压不足（VD_1 亮度明显下降）也会造成高压不够，只要更换新电池便可排除故障。

（5）检查网拍，用万用表直流电压 2 500 V 挡在路测量网拍两端，直流电压在一千多伏以上就是正常的。如果低于七百多伏，电容就会击穿。测量时注意安全，防止电击。如果通电测量网拍没有电压，升压变压器没有交流电压，那就是网拍有短路故障。断电后，用万用表×10 kΩ挡在路测量网拍两端，直流电阻300 kΩ左右。

6.7 鸟鸣彩灯链电路的制作实训

【技能目标】

（1）掌握电路中各元件的连接安装方法；

（2）能正确识别元器件。

【实训器材】

电烙铁、烙铁架各1件；元器件1套；万用表1台。

6.7.1 鸟鸣彩灯链电路图原理

如图6.21所示，彩灯能间隙点亮和熄灭，当彩灯点亮时，它还能发出清脆悦耳的鸟叫声。

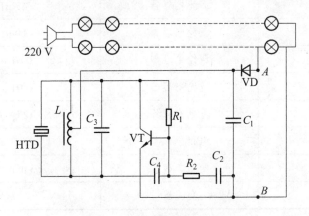

图6.21 鸟鸣彩灯链电路图

彩灯链由18只彩色小电珠串联组成，其中有一只"跳泡"，它内部有一组由双金属片构成的常闭触点，利用热胀冷缩的原理使触点不断地接通与断开，控制彩灯链间隙发光和熄灭。

鸟鸣发生器的电源取自一个彩灯小电珠两端12 V交流电压，变直流后供给。鸟鸣发生器是一个典型晶体管电感三点式间隙振荡器，振荡频率主要由L、

C_3 的数值决定，此外偏置电阻 R_1 和反馈电容 C_4 的数值对频率也有影响。由于在三极管的基极和电源负极之间接有一个时间常数较大的 R_2、C_2 阻容网络，因 C_2 的充放电作用，使振荡间隙产生，从而形成"啾啾"的鸟鸣效果。当彩灯链熄灭时，A、B 两端失去 12 V 交流电压，但由于 C_1 储存电荷的作用，鸟鸣声不是马上停止，而是逐渐减少，产生更加逼真的余音效果。

6.7.2　元器件的选择

彩灯链可采用市售各种小彩灯串（只数不限），市售彩灯串里已有一个跳泡，因此不必另配。BG 可用 3DG201、9011、9013 型等 NPN 管，电感 L 用收音机中的小型输入输出变压器，HTD 用 27 mm 压电陶瓷片。表 6.7 为元件明细表。

表 6.7　鸟鸣彩灯链元件明细表

元件符号	元件名称	型号和参数
R_1	碳膜电阻	56 kΩ
R_2	碳膜电阻	2.2 kΩ
C_1	涤纶电容器	47 μF
C_2	涤纶电容器	10 μF
C_3	涤纶电容器	0.01 μF
C_4	涤纶电容器	0.01 μF
HTD	压电陶瓷片	27A-1
VT	NPN 三极管	3DG201
VD	发光二极管	ϕ3 mm 红色
T	变压器	

6.7.3　常见故障及检修

调试时，先在 A、B 端施加 6 ~ 12 V 交流电压，也可在 C_1 两端加 6 ~ 12 V 直流电压，这时压电陶瓷片 HTD 就会发出"啾啾"的鸟叫声，增减 R_1 或 C_4，使叫声满意为止，再改变 C_2 容量，可以调节鸟叫声的间隙时间。满意后，接上电源即可。

6.8　晶体管电路实验

6.8.1　晶体管共射极单管放大器

【技能目标】

（1）掌握电路中各元件的连接安装方法；

（2）能正确识别元器件，熟悉常用电子仪器及电子电路实验设备的使用；

（3）能按要求完成相关的计算、测试、调试。

【实训器材】

电烙铁、烙铁架各 1 件；元器件 1 套；双踪示波器 1 台；万用表 1 台；交流毫伏表 1 台；模电试验箱 1 套。

1. 共射极单管放大器的实验原理

图 6.22 为电阻分压式工作点稳定单管放大器实验电路图。它的偏置电路采用 R_{B2} 和 R_{B1} 组成的分压电路，并在发射极中接有电阻 R_E，以稳定放大器的静态工作点。当在放大器的输入端加入输入信号 U_i 后，在放大器的输出端便可得到一个与 U_i 相位相反，幅值被放大了的输出信号 U_o，从而实现了电压放大。

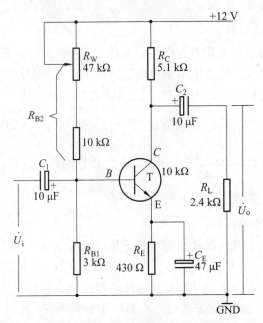

图 6.22　共射极单管放大器实验电路

在图 6.22 电路中，当流过偏置电阻 R_{B1} 和 R_{B2} 的电流远大于晶体管 T 的基极电流 I_B 时（一般 5~10 倍），则它的静态工作点可用下式估算：

$$U_B \approx \frac{R_{B1}}{R_{B1} + R_{B2}} \cdot U_{CC} \qquad (6.1)$$

$$I_E = \frac{U_B - U_{BE}}{R_E} \approx I_C \qquad (6.2)$$

$$U_{CE} = U_{CC} - I_C(R_C + R_E) \qquad (6.3)$$

其中，U_{CC} 为供电电源，此为 +12 V。

电压放大倍数

$$A_V = -\beta \frac{R_C \parallel R_L}{r_{be}} \qquad (6.4)$$

输入电阻　　　$R_i = R_{B1} \parallel R_{B2} \parallel r_{be}$ （6.5）

输出电阻　　　$R_o \approx R_C$ （6.6）

由于电子器件性能的分散性比较大，因此在设计和制作晶体管放大电路时，离不开测量和调试技术。在设计前应测量所用元器件的参数，为电路设计提供必要的依据。在完成设计和装配以后，还必须测量和调试放大器的静态工作点和各项性能指标。

1）静态工作点的测量

测量放大器的静态工作点，应在输入信号 $U_i = 0$ 的情况下进行。即将放大器输入端与地端短接，然后选用量程合适的数字万用表，分别测量晶体管的集电极电流 I_C 和各电极对地的电位 U_B、U_C 和 U_E。实验中，为了避免断开集电极，一般采用测量电压然后算出 I_C 的方法，例如，只要测出 U_E，即可用 $I_C \approx I_E = \dfrac{U_E}{R_E}$ 算出 I_C（也可根据 $I_C = \dfrac{U_{CC} - U_C}{R_C}$，由 U_C 确定 I_C），同时也能算出 $U_{BE} = U_B - U_E$，$U_{CE} = U_C - U_E$。

2）静态工作点的调试

放大器静态工作点的调试是指对管子集电极电流 I_C（或 U_{CE}）进行调整与测试。

静态工作点是否合适，对放大器的性能和输出波形都有很大的影响。如工作点偏高，放大器在加入交流信号以后易产生饱和失真，此时 u_o 的负半周将被削底，如图 6.23（a）所示；如工作点偏低则易产生截止失真，即 u_o 的正半周被缩顶（一般截止失真不如饱和失真明显），如图 6.23（b）所示。这些情况都不符合不失真放大的要求。所以在选定工作点以后还必须进行动态调试，即在放大器的输入端加入一定的 u_i，检查输出电压 u_o 的大小和波形是否满足要求。如不满足，则应调节静态工作点的位置。

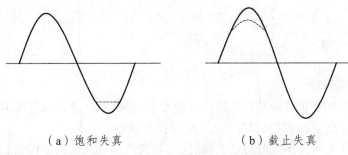

（a）饱和失真　　　　　　　　（b）截止失真

图 6.23　静态工作点对 u_o 波形失真的影响

改变电路参数 U_{CC}、R_C、R_B（R_{B1}、R_{B2}）都会引起静态工作点的变化，如图 6.24 所示，但通常多采用调节偏电阻 R_{B2} 的方法来改变静态工作点，如减小 R_{B2}，则可使静态工作点提高等。

最后还要说明的是，上面所说的工作点"偏高"或"偏低"不是绝对的，应该是相对信号幅度而言的，如信号幅度很小，即使工作点较高或较低也不一定会出现失真。所以确切地说，产生波形失真是信号幅度与静态工作点设置配合不当所致。如需满足较大信号的要求，静态工作点最好尽量靠近交流负载线的中点。

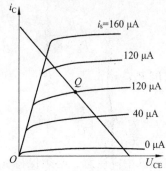

图 6.24　电路参数对静态工作点的影响

3）放大器动态指标测试

放大器动态指标测试包括电压放大倍数、输入电阻、输出电阻、最大不失真输出电压（动态范围）和通频带等。

（1）电压放大倍数 A_V 的测量。

调整放大器到合适的静态工作点，然后加入输入电压 u_i，在输出电压 u_o 不失真的情况下，用交流毫伏表测出 u_i 和 u_o 的有效值 U_i 和 U_o，则

$$A_V = \frac{U_o}{U_i}$$

（6.7）

（2）输入电阻 R_i 的测量。

为了测量放大器的输入电阻，按图 6.25 所示电路在被测放大器的输入端与信号源之间串入一个已知电阻 R，在放大器正常工作的情况下，用交流毫伏表测出 U_S 和 U_i，则根据输入电阻的定义可得

$$R_i = \frac{U_i}{I_i} = \frac{U_i}{\frac{U_R}{R}} = \frac{U_i}{U_S - U_i} R \tag{6.8}$$

测量时应注意：

① 由于电阻 R 两端没有电路公共接地点，所以测量 R 两端电压 U_R 时必须分别测出 U_S 和 U_i，然后按 $U_R = U_S - U_i$ 求出 U_R 值。

② 电阻 R 的值不宜取得过大或过小，以免产生较大的测量误差，通常取 R 与 R_i 为同一数量级为好，本实验可取 $R = 1 \sim 2 \text{ k}\Omega$。

（3）输出电阻 R_o 的测量。

按图 6.25 电路，在放大器正常工作条件下，测出输出端不接负载 R_L 的输出电压 U_o 和接入负载后的输出电压 U_L，根据

$$U_L = \frac{R_L}{R_o + R_L} U_o \tag{6.9}$$

即可求出 R_o：

$$R_o = \left(\frac{U_o}{U_L} - 1 \right) R_L \tag{6.10}$$

在测试中应注意，必须保持 R_L 接入前后输入信号的大小不变。

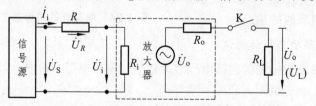

图 6.25　输入、输出电阻测量电路

（4）最大不失真输出电压 U_{OPP} 的测量（最大动态范围）。

如上所述，为了得到最大动态范围，应将静态工作点调在交流负载线的中点。为此在放大器正常工作的情况下，逐步增大输入信号的幅度，并同时调节 R_W（改变静态工作点），用示波器观察 u_o，当输出波形同时出现削底和缩顶现

象（见图 6.26）时，说明静态工作点已调在交流负载线的中点。然后反复调整输入信号，使波形输出幅度最大，且无明显失真时，用交流毫伏表测出 U_o（有效值），则动态范围等于 $2\sqrt{2}U_o$。或用示波器直接读出 U_{OPP}。

图 6.26 静态工作点正常，输入信号太大引起的失真

（5）放大器频率特性的测量。

放大器的频率特性是指放大器的电压放大倍数 A_V 与输入信号频率 f 之间的关系曲线。单管阻容耦合放大电路的幅频特性曲线如图 6.27 所示。

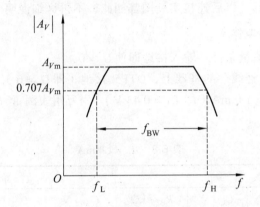

图 6.27 幅频特性曲线

A_{Vm} 为中频电压放大倍数，通常规定电压放大倍数随频率变化下降到中频放大倍数的 $1/\sqrt{2}$ 倍，即 $0.707A_{Vm}$ 所对应的频率分别称为下限频率 f_L 和上限频率 f_H，则通频带为

$$f_{BW} = f_H - f_L \tag{6.11}$$

放大器的幅频特性就是测量不同频率信号时的电压放大倍数 A_V。为此，可采用前述测 A_V 的方法，每改变一个信号频率，测量其相应的电压放大倍数，测量时注意取点要恰当，在低频段与高频段要多测几点，在中频段可以少测几点。此外，在改变频率时，要保持输入信号的幅度不变，且输出波形不能失真。

2. 共射极单管放大器实验内容

1）连 线

在实验箱的晶体管系列模块中，按图 6.22 所示电路连接：DTP5 作为信号 U_i 的输入端；DTP4（电容的正极）连接到 DTP26（三极管基极）；DTP26 连接

到 DTP54；DTP63 连接到 DTP64（或任何 GND）；DTP26 连接到 DTP47（或任何 10 k 电阻），再由 DTP48 连接到 47 k 电位器（R_W）的"1"端，电位器的三端设置如图 6.28 所示，"2"端和"3"端相连连接到 DTP31；DTP27（三极管射极）连接到 DTP42；DTP27 连接到 DTP59（或 DTP60）；DTP43 连接到 DTP63；DTP24 连接到 DTP35；DTP25 先不接开路，最后把电源部分的 + 12 V 连接到 DTP31。

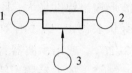

图 6.28　电位器的三端

注：按指导书提供的原理图在实验箱相应模块中一根一根连线，这样把分立元件组合在一起，以后连接实验图都如此，不再详细说明。

2）测量静态工作点

静态工作点测量条件：输入接地即使 $U_i = 0$。

在上面"1）连线"的基础上，DTP5 接地（即 $U_i = 0$），打开交流开关，调节 R_W，使 $I_C = 1.0$ mA（即 $U_E = 0.43$ V），用万用表测量 U_B、U_E、U_C、R_{B2} 值，记入表 6.8。

表 6.8　$I_C = 1.0$ mA

测 量 值				计 算 值		
U_B / V	U_E / V	U_C / V	R_{B2} / kΩ	U_{BE} / V	U_{CE} / V	I_C / mA

3）测量电压放大倍数

调节一个频率为 1 kHz、峰-峰值为 100 mV 的正弦波由 OUT 输出且作为输入信号 U_i。断开 DTP5 接地的线，从 OUT 连接到 DTP5，同时用双踪示波器观察放大器输入电压 U_i（DTP5 处）和输出电压 U_o（DTP25 处）的波形，在 U_o 波形不失真的条件下用毫伏表测量下述三种情况下（① 不变实验电路时；② 把连接点 DTP35 换到 DTP32 或 DTP33 时；③ 从 DTP32 或 DTP33 改回到 DTP35，DTP25 连接到 DTP52 时）的 U_o 值（DTP25 处），并用双踪示波器观察 U_o 和 U_i 的相位关系，记入表 6.9。

表 6.9　$I_C = 1.0$ mA ，　$U_i = $　　mV （有效值）

R_C / kΩ	R_L / kΩ	U_0 / V	A_V	观察记录一组 U_o 和 U_i 波形
5.1	∞			
2.4	∞			
5.1	2.4			

注意：由于 U_o 所测的值为有效值，故峰-峰值 U_i 需要转化为有效值或用毫伏表测得的 U_i 来计算 A_V 值。切记万用表、毫伏表测量都是有效值，而示波器观察的都是峰-峰值。

4）观察静态工作点对电压放大倍数的影响

在上面"3）测量电压放大倍数"的 $R_C = 5.1\ \mathrm{k\Omega}$，$R_L = \infty$ 连线条件下，调节一个频率为 1 kHz、峰-峰值为 500 mV 的正弦波由 OUT 输出且作为输入信号 U_i 连到 DTP5。调节 R_W，用示波器监视输出电压波形，在 u_o 不失真的条件下，测量数组 I_C 和 U_o 的值，记入表 6.10。测量 I_C 时，要使 $U_i = 0$（断开输入信号 OUT，DTP5 接地）。

表 6.10　$R_C = 5.1\ \mathrm{k\Omega}$，$R_L = \infty$，$U_i =$　　mV（有效值）

$I_C\ /\ \mathrm{mA}$			1.0		
$U_o\ /\ \mathrm{V}$					
A_V					

5）观察静态工作点对输出波形失真的影响

在上面"3）测量电压放大倍数"的 $R_C = 5.1\ \mathrm{k\Omega}$，$R_L = 2.4\ \mathrm{k\Omega}$ 连线条件下，使 $u_i = 0$，调节 R_W 使 $I_C = 1.0\ \mathrm{mA}$（参见"2）测量静态工作点"），测出 U_{CE} 值。调节一个频率为 1 kHz、峰-峰值为 500 mV 的正弦波由 OUT 输出且作为输入信号 U_i 连到 DTP5，再逐步加大输入信号，使输出电压 U_o 足够大且不失真。然后保持输入信号不变，分别增大和减小 R_W，使波形出现失真，绘出 U_o 的波形，并测出失真情况下的 I_C 和 U_{CE} 值，记入表 6.11。每次测 I_C 和 U_{CE} 值时要使输入信号为零（使 $u_i = 0$）。

表 6.11　$R_C = 5.1\ \mathrm{k\Omega}$，$R_L = \infty$，$U_i =$　　mV

$I_C\ /\ \mathrm{mA}$	$U_{CE}\ /\ \mathrm{V}$	U_o 波形	失真情况	管子工作状态
1.0				

6）测量最大不失真输出电压

在上面"3）测量电压放大倍数"的 $R_C = 5.1\ \mathrm{k\Omega}$，$R_L = 2.4\ \mathrm{k\Omega}$ 连线条件下，同时调节输入信号的幅度和电位器 R_W，用示波器和毫伏表测量 U_{OPP} 及 U_o 值，记入表 6.12。

表 6.12 $R_C = 5.1 \text{ k}\Omega$ ， $R_L = 24 \text{ k}\Omega$

I_C / mA	U_{im} / mV 有效值	U_{om} / V 有效值	U_{OPP} / V 峰-峰值

7）测量输入电阻和输出电阻

按图 6.25 所示，取 $R = 2 \text{ k}\Omega$，置 $R_C = 5.1 \text{ k}\Omega$，$R_L = 2.4 \text{ k}\Omega$，$I_C = 1.0 \text{ mA}$。输入 $f = 1 \text{ kHz}$、峰-峰值为 1 V 的正弦信号，在输出电压 u_o 不失真的情况下，用毫伏表测出 U_S、U_i 和 U_L，用公式（6.8）算出 R_i。保持 U_S 不变，断开 R_L，测量输出电压 U_o，参见公式（6.10）算出 R_o。

8）测量幅频特性曲线

取 $I_C = 1.0 \text{ mA}$，$R_C = 5.1 \text{ k}\Omega$，$R_L = 2.4 \text{ k}\Omega$。保持上步输入信号 u_i 不变，改变信号源频率 f，逐点测出相应的输出电压 U_o，自作表记录之。

6.8.2 基本组合逻辑电路

【技能目标】

（1）掌握电路中各元件的连接安装方法；

（2）能正确识别元器件，熟悉常用电子仪器及电子电路实验设备的使用；

（3）掌握利用 MAX + plusII 工具进行数字电路设计的基本方法；

（4）能按要求完成相关的设计、测试、调试。

【实训器材】

电子实验箱一套；万用表一台；电烙铁、烙铁架各 1 件；元器件 1 套（四 2 输入与非门 7 400 × 1、双 4 输入与非门 7 420 × 1、双 4 输入与门 7 421 × 1、四 2 输入或门 7 432 × 1、四 2 输入异或门 7 486 × 1、双与或非门 7 451 × 1）。

1. 基本组合逻辑电路的实验原理

组合逻辑电路是由门电路组合起来的电路，它可以实现较复杂的逻辑功能，其基本特征是：输出端的逻辑状态仅取决于当时的输入状态，而与电路原来的状态无关。

研究组合逻辑电路有两类问题：

（1）已知逻辑图分析逻辑功能，其步骤为：

① 已知逻辑图→写逻辑表达式→进行逻辑化简或变换→列真值表→判断逻辑功能。

② 已知逻辑图→测试输入、输出逻辑关系→列真值表→判断逻辑功能。

（2）已知逻辑要求、画逻辑图，其步骤为：

已知逻辑要求→列真值表→写逻辑表达式→进行函数化简或变换→画逻辑电路。

2. 基本组合逻辑电路的实验内容

（1）用 7400 集成电路，按图 6.29 所示，在实验箱上接线和在计算机上仿真，将输入、输出的逻辑关系分别填入表 6.13 中。

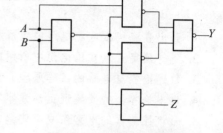

图 6.29　逻辑电路原理图

表 6.13　逻辑电路的逻辑关系

A	B	Y		Z	
		接线	仿真	接线	仿真
0	0				
0	1				
1	0				
1	1				

（2）写出上面电路的逻辑表达式。

① 设计一个"一致电路"。

要求：电路有三个输入端，一个输出端，当三个输入变量 A、B、C 状态不一致时，输出 F 为"0"；当三个变量状态一致时，输出 F 为"1"。

② 设计一个一位二进制数全加器。

电路有三个输入端，分别为被加数 A、加数 B、低位向高位的进位 C；有两个输出端，S 为和、本位向高位的进位为 C_1。

③ 设计一个四位二进制数为密码的数字密码锁的控制，当开锁控制为高电平时，如果 A_1、B_1、C_1、D_1 输入的密码与事先设置的密码 A_0、B_0、C_0、D_0 一样时，开锁灯亮；密码错误时，警报灯亮，如图 6.30 所示，提示：异或门的非为同或门。

以上三个电路用 MAX + plusII 软件仿真和在实验箱上接线，验证设计是否正确，在实验箱上接线时只可以使用已提供的集成块。

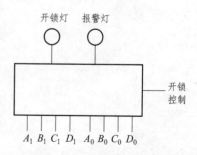

图 6.30　数字密码锁控制

思考题

1. 画出直流稳压电源电路的组成框图，解释 LM317 的作用。

2. 怎样确定直流稳压电源中所用的元件，怎样进行安装调试？

3. 叙述抢答器电路的工作原理，电路中的 $SB_1 \sim SB_4$ 之间存在什么关系？

4. 说出抢答器的安装调试注意事项。

5. 彩灯控制器的电路组成有哪些部分？说明电路的工作原理。

6. 根据自动洗手节水器的电路图，说明其工作过程。

7. 在电子灭蚊拍制作实训中高频变压器的自制过程遇到些什么问题？如何解决的？

8. 鸟鸣发声器的原理是什么？

9. 晶体管共射极单管放大器测量误差是怎么产生的？

10. 写出基本组合逻辑电路的设计过程，根据实际选择的集成块画出原理图，并在原理图上标出接线时集成块的引脚号。实验结果分别用波形图和真值表表示。

11. 总结利用 MAX+plusII 分析和设计数字电路的优点。

第7章　异步电动机拆装与检修实训

异步电动机主要分三相和单相两类，三相异步电动机是生产实践中广泛应用的、最经济的拖动电动机，单相异步电动机是家用电器中动力的核心。本章以三相异步电动机中鼠笼型及单相异步电动机中电容式两种异步电动机的拆卸、装配、运行训练为例，学习异步电动机维修的基本技能。

异步电动机的维修分为检修和大修。检修包括：故障的迅速判断和检查处理故障（这类故障一般在局部，绕组基本保持完好，处理较快），以及正常运行情况下的停产清洗。大修一般指更换绕组。电机修理技术的核心即绕组嵌装。

【技能目标】

（1）正确迅速进行三相异步电动机定子绕组首尾判别；

（2）规范拆卸与装配三相鼠笼型异步电动机；

（3）掌握三相异步电动机单层定子绕组的嵌装。

【实训器材】

三相异步电动机；三相异步电动机定子铁芯；约为 $\phi 0.7$ mm 漆包线；单相电容异步电动机；拉具；150~200 mm 手锤；铜棒；煤油（汽煤）钠基润滑脂；万用表；交流 36 V 电源。

7.1　三相异步电动机拆卸与装配

【技能目标】

（1）规范拆卸、装配、检查、试验三相异步电动机；

（2）生产实践中拆卸三相异步电动机前要做好检查记录和准备工作，即断开电源；拆除电动机与电源的连线并作绝缘处理及标记；脱开电动机转子轴与机械的连接。在实践教学中的三相异步电动机的拆卸与装配，不必与机械连接，仅对三相异步电动机进行拆卸与装配。

7.1.1　三相异步电动机的拆卸

三相异步电动机的拆卸步骤如图 7.1 所示。

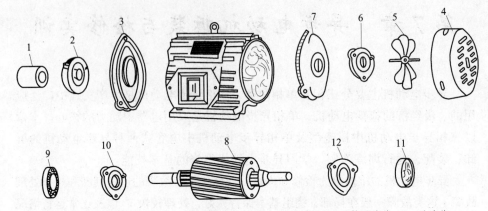

1—带轮；2—前轴承外盖；3—前端盖；4—风罩；5—风扇；6—后轴承外盖；7—后端盖
8—转子；9—前轴承；10—前轴承内盖；11—后轴承；12—后轴承内盖

图 7.1　三相异步电动机的拆卸步骤

（1）在端盖与定子机座等处做标记，为装配作准备。

（2）皮带轮或联轴器的拆卸。在皮带轮（或联轴器）的轴伸出端做好尺寸标记，如图 7.2 所示。松脱皮带轮上的定位销，用拉具的爪子紧贴皮带轮，拉具丝杠尖端对准电动机轴中心，慢慢转动丝杠将皮带轮拉出，如图 7.3 所示。如拉不出，则不能硬拉，可以在定位销处注入煤油，待几小时后再拉。也可对皮带轮加热，待皮带轮膨胀后即可拉出。应注意加热温度不能太高，防止轴变形。拆卸过程不能用铁锤等直接敲打皮带轮，防止打坏皮带轮。

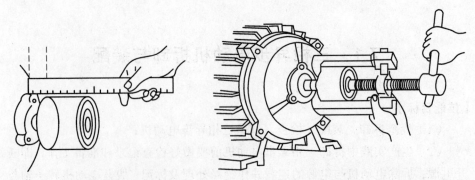

图 7.2　皮带轮的位置标记法　　　**图 7.3　用拉具拆卸皮带轮方法**

（3）风罩、风扇叶的拆卸。松脱风扇罩的螺栓，取下风罩。

松脱转子轴尾端风扇上定位螺栓或取下销子,用木手锤在风扇四周均匀轻敲,风扇可松脱取下。便于清洗的小型异步电动机后端盖内的轴承,不需加油或更换时风扇可不拆下。若风扇叶是塑料制成的,可将风扇浸入热水中待膨胀后卸下。

(4)轴承盖和端盖的拆卸。在端盖与机座接缝处的任一位置做好标记,拧下轴承外盖螺栓,衬以垫木用木手锤轻轻敲打端盖四周,取下端盖。

(5)轴承的拆卸。常用拉具拆卸、铜棒拆卸、搁在圆筒或特定架上拆卸、加热拆卸等方法。用拉具拆卸如图 7.4 所示。根据轴承的大小,选用适宜的拉具,拉具的脚爪应紧扣在轴承的内圈上,拉具的丝杆顶点要对准转子轴的中心,均匀用力慢慢扳转丝杆即可取下轴承。

拆卸电动机时,若遇到轴承留在端盖的轴承孔内,可采用图 7.5 所示的方法。将端盖止口向上,平衡地搁在两块铁板上。垫上一段直径略小于轴承外径的金属棒,用手锤沿轴承外圈敲打,敲出轴承。

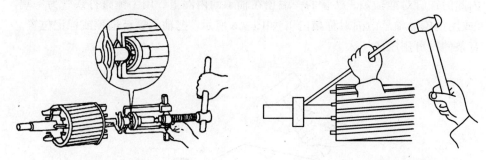

图 7.4 用拉具拆卸轴承   图 7.5 拆卸端盖内侧轴承

(6)抽出转子。抽出转子时,应以不损伤定子绕组为宜。小型电动机的转子可以连同后端盖一起取出。较大容量的电动机的转子,可用起重设备起吊,起吊时应不损坏定子、转子绕组等。

7.1.2 三相异步电动机的装配

三相异步电动机的装配顺序按拆卸时的逆顺序进行。装配前,各零件及配合处要先清洗除锈。装配时,应将各部件按拆卸时所作标记复位。

1. 滚动轴承的安装

1)清洗检查

将轴承和轴承盖先用煤油清洗后,检查轴承有无裂纹,内外轴承环有无裂缝等。再用手旋转轴承外圈,观察其转动是否灵活、均匀,无杂音,否则应查出故障或更换。若观察正常，再用汽油清洗待干，加入润滑脂后装配。

新轴承安装，将其置放在 70℃ ~ 80 ℃ 的变压器油中加热 65 min，待全部防锈油溶去后，再用汽油洗净待干，重新加入润滑脂后装配。

2）装润滑脂

在轴承内外圈里和轴承盖里装的润滑脂应洁净，塞装要均匀，禁止完全装满。一般 2 极电动机装满轴承 1/3 ~ 1/2 的空腔容积，4 极及 4 极以上的电动机装满轴承 2/3 的空腔容积。轴承内外盖的润滑脂一般为盖内容积的 1/3 ~ 1/2。

3）轴承的安装

可采用冷套法或热套法。装套前应将轴颈部分揩擦干净，把经过清洗并加好润滑脂的轴承盖套在轴颈上。

（1）冷套法。将轴承套上轴颈，用一段内径略大于轴颈、外径略小于轴承内圈的铁管对准轴颈，铁管的一端顶在轴承的内圈上，用手锤敲打铁管另一端（或用铜棒沿轴承内圈对称敲击），如图 7.6 所示。把轴承敲至轴颈或标记位置。有条件时可用压床压入。

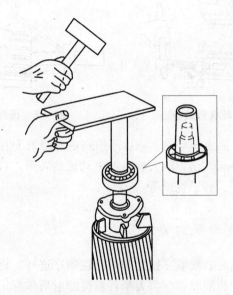

图 7.6　冷套法装配轴承

（2）热套法。将轴承放入 80 ℃ ~ 100 ℃ 变压器油中的网架上加热 30 ~ 40 min，油面要覆盖轴承，均匀加热，温度不能过高，时间不能太长，防止轴承退火。热套时，要趁热迅速把轴承一直推到轴颈。如套不进应检查原因，如无别的原因，可用套筒顶住轴承的内圈，用手锤轻轻敲入。

轴承套好后，用压缩空气吹去轴承内的变压器油，并擦干净。

2. 后端盖的安装

将轴伸端朝下垂直放置在木板上，把后端盖套在后轴承上，用手锤敲打端盖，应使轴承外圈与端盖内圈为过渡或过盈配合。如出现间隙配合，又无法更换端盖时，可在端盖内圈上嵌一个轴套，方法是：先将端盖内孔沿半径方向车削 3~5 mm，再加工一个圆环轴套装上，圆环外径等于端盖内径，轻度过盈配合；圆环内径等于轴承外径，过渡配合。装好轴承外盖后，逐步均匀拧紧内外轴承螺栓。

3. 转子安装

把转子对准定子孔中心，小心地往里送，后端盖应对准与机座的标记，旋上后端盖螺栓。

4. 前端盖的安装

将前端盖对准与机座的标记，用手锤均匀敲击端盖四周，不可单边着力，并拧上端盖的紧固螺栓。

拧紧前端盖上的螺栓时，为保证不损伤端盖耳攀，并保证转子同心度良好，应四周均匀用力，按对角线上下左右逐步拧紧，最后装前轴承外盖。先在外轴承盖孔内插入一根螺栓，一手顶往螺栓，另一手缓慢转动转轴，轴承内盖随之转动，当手感觉到轴承外盖螺孔对齐时，可将螺栓拧入内轴承盖的螺孔内，再装另两根螺栓，也应逐步拧紧。

5. 皮带轮的安装

将皮带轮键槽与轴上的键对准（有的采用紧固螺钉定位连接，则皮带轮上紧固螺钉应对正轴上安装位）。对于中小型电动机，在皮带轮的端面上垫上木块用手锤打入，若打入困难，可在轴的另一端垫上木块顶在地上，再打入皮带轮。安装较大型电动机的皮带轮（或联轴器）时可用千斤顶。

7.1.3　装配后的检查

（1）机械检查。检查所有固定螺栓是否拧紧，转子的转动是否灵活，轴伸端径向有无偏摆的情况；绕线式转子的刷握架位置安装是否正确，电刷与滑环的接触是否良好，电刷在刷握内有无卡住现象，弹簧压力是否均匀等。

（2）测定绝缘电阻。用兆欧表测定电动机定子绕组相与相、相与地的绝缘电阻。测量过程中兆欧表的转速须保持基本恒定（约 120 r/min），兆欧表指针稳定时读其指示值，如图 7.7 所示。对于 500 V 以下的电动机其绝缘电阻不应低于 0.5 MΩ，全部更换绕组的则不低于 5 MΩ。表 7.1 列出了兆欧表的额定电压。

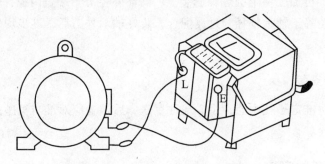

图 7.7　电动机绝缘电阻的测量

表 7.1　兆欧表的选择

电动机额定电压 / V	兆欧表额定电压 / V
$U_N < 500$	500
$U_N = 500 \sim 3\,000$	1 000
$U_N > 3\,000$	2 500

将绝缘电阻按下列格式记录：

相间绝缘 U-V　　MΩ；　　V-W　　MΩ；　　W-U　　MΩ

对地绝缘 U-地　　MΩ；　　V-地　　MΩ；　　W-地　　MΩ

（3）通电试运转：

① 注意正确接线，并在机座上接好接地线，接通电源，用钳形电流表测量三相相电流。

② 用转速表测量电动机转速。

③ 运行中是否有异常声音，是否有铁芯、轴承过热。对于绕线式异步电动机，应观察电刷下有无火花现象和过热现象。

7.2 三相异步电动机定子绕组首尾端的判别

【技能目标】

（1）能正确叙述三相异步电动机首尾端判别的方法步骤，正确理解三相异步电动机首尾端判别的原理；

（2）用两种方法正确规范判断三相异步电动机定子绕组首尾端；

（3）定子绕组首尾端的判别与绝缘测试综合考核达标。

【知识要点】

定子绕组作为电动机电路的重要部分，当电动机检修或大修后，易出现三相定子绕组首尾不清的情况，常用万用表或灯泡检查法判断其首尾端。为判别方便，三相绕组引出端均引出绝缘导线，无论何种方法判别均可。

首先用万用表电阻挡或兆欧表分别测出三相定子绕组各组两个引出端。由于定子绕组电阻小，万用表或兆欧表的指针指向 R 为零。用兆欧表时，手柄慢转一圈即可。测出的第一相两引线打单线结，假设为 U 相，同样测出的第二相两引线打双线结，假设为 V 相，重复测出第三相两引线不打结，假设为 W 相。以下步骤及方法可任选。

7.2.1 用万用表判别三相异步电动机定子绕组首尾端

1. 直流法

可用直流微安挡或直流毫伏挡，操作程序如下：

① 按图 7.8 所示测出各相绕组，做好标记。

② 按图 7.9 所示接线。将假想 U 相接一低压直流电源（1.5 V 即可）。

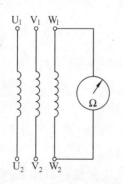

图 7.8 电动机绕组确定

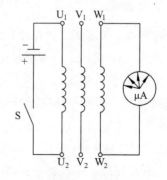

图 7.9 直流法

③ 将假想 W 相接 μA 挡。

④ 将开关 S 闭合，若 μA 表指针偏则电源正极接线端与万用表黑表笔（所插为 "－" 极孔）为首端，可归纳为当表针正偏时，"＋、－" 为首端。

⑤ 再将直流电源接假想 V 相，同样的方法可测出三相的首尾端。

2. 转子法（发电法）

① 按图 7.8 所示测出各相绕组，做好标记。

② 按图 7.10 接线，用手转动转子，如万用表 mA 挡指针不动，则图示所标的首尾正确，所接两个节点分别为首端（或尾端），如图 7.10（a）所示。若指针摆动，则有一相首尾接反。用转子法最多测试 4 次，即可测出三相的首尾端，如图 7.10（b）所示。

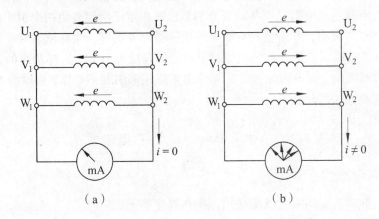

图 7.10　转子法

3. 交流法

① 按图 7.8 所示测出各相绕组，做好标记。

② 按图 7.11 接线，为安全起见，交流电源电压 u_1 应等于或低于 24 V，开关 S_1 闭合后，再将 S_2 闭合，若 $U = 2U_1$，如图 7.11（a）示，两相绕组连接点为一相的首端与另一相的尾端；若 $U = 0$，如图 7.11（b）示，两相绕组连接点为两相的首端或尾端。这一方法是应用互感线圈串联的特点，图 7.11（a）是顺向串联，图 7.11（b）是反向串联。

用万用表判断定子绕组首尾端中的直流法和交流法还可用于判断三相变压器同一侧的同名端。学生可自行测试。

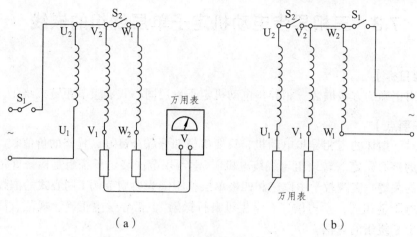

图 7.11　交流法

7.2.2　用灯泡判别三相异步电动机定子绕组首尾端

（1）按图 7.8 所示测出各相绕组，做好标记。

（2）按图 7.12 接线，交流电源电压 36 V，灯泡 24 V，将开关 S 合上，若灯亮，说明两相绕组连接点为一相的首端与另一相的尾端，如图 7.12（a）所示。若灯不亮，说明连接点为两相绕组的首端或尾端，如图 7.12（b）所示。

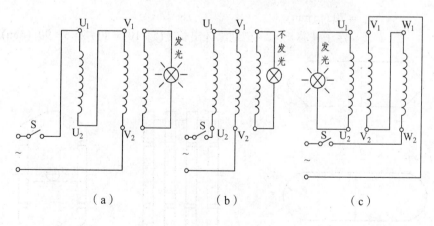

图 7.12　灯泡法

（3）用同样的方法测试第三相的首尾端。用这一方法判断三相变压器同一侧的同名端时，交流电压的选择应考虑三相变压器的额定电压。

7.3　三相异步电动机定子单层绕组的嵌线

【技能目标】

用正确的方法嵌装三相异步电动机定子单层同心式、整节距链式绕组。

【知识要点】

对于损坏的三相异步电动机,只要机械部分配合良好,检修的价值较高。检修的核心是定、转绕组(绕线电机)。学习规范嵌装定子绕组是检修好定子绕组的关键。实践教学中以三相四极单层整距链为典型范例(同心式的嵌线规律与整距链相同,不再阐述,学生可自行探索),指导学生正确、规范、嵌装三相定子绕组的方法。

三相异步电动机定子铁芯 24 槽,铁芯长 80 mm,内径 100 mm,槽绝缘伸出长度 5 mm,需嵌为 2 极整节距链式绕组,可按以下程序进行:

7.3.1　绕线模的制作

小型三相异步电动机绕线模如图 7.13 及图 7.14 所示。其绕线模尺寸,由经验可得

$$A = \frac{定子铁芯内圆周长}{Z(槽数)} \times 0.9Y(节距) = \frac{100\pi}{24} \times 0.9 \times 6$$
$$= 70.6 \ (\text{mm})$$
$$L = 定子铁芯长 + 2 \times 槽绝缘伸出长度(5 \sim 10) = 80 + 2 \times 5 = 90 \ (\text{mm})$$

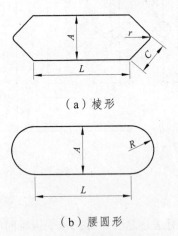

（a）棱形

（b）腰圆形

图 7.13　绕线模尺寸

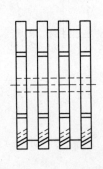

（a）绕组组合模具

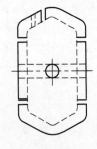

（b）线模挡板

图 7.14　绕线组合模具和线模挡板

$$R = (0.5 \sim 0.55)\, A = (0.5 \sim 0.55) \times 70.6 = 35.3 \sim 39 \ (\text{mm})$$

$$C = 0.6 A = 0.6 \times 70.6 = 42.4 \ (\text{mm})$$

$$r = 5 \sim 10 \ \text{mm}$$

在实际应用中，一般有经验的人会用一根漆包线在选定了槽节距的槽子之间，用手捏出一个绕线样板来，这样就不用计算了。

7.3.2　线圈的绕制

① 将绕线组合模具紧固在绕线机上，模具挡板上放置扎线。

② 将计数器校到零。

③ 用符合线径要求的漆包线按规定匝数以均匀且较慢的速度整齐排列，将漆包线紧绕到线模上，特别注意不能损伤导线绝缘或导线不直。漆包线直径暂选 $\phi 0.7 \ \text{mm}$，一只线圈绕 60 匝。

④ 绕制完毕，将线圈两直线部分扎好后再从线模上取下。有条件时测量其直流电阻，检查线圈匝数。

7.3.3　定子线组的嵌线

（1）三相 24 槽四极单层整节距链式展开图如图 7.15 所示。

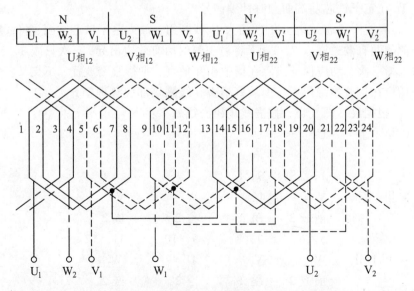

图 7.15　三相 24 槽四极单层整节距链式展开图

（2）根据绝缘形式、等级，准备并安放槽绝缘，准备槽模、端部、相间绝缘、扎线、绑带。

由经验得：对于 5 kW 及 5 kW 以下电机 E 级绝缘的绝缘材料采用聚酯薄膜复合绝缘纸，其厚度不低于 0.17 mm。

槽绝缘长 = 定子铁芯长 + 2 × 槽绝缘伸出长度（12 ~ 18 mm）

槽楔长 = 槽绝缘长（槽楔一端应用坡口，其材料可采用干燥的楠竹代替）

电动机绝缘槽的结构形式如图 7.16 所示。

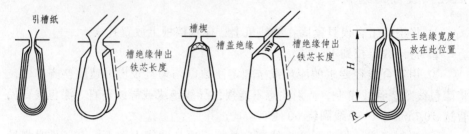

H—圆心到定子铁芯的高度；
R—线圈槽底部圆弧半径

（a）用引槽纸　　　　　（b）用临时引槽纸　　　　　（c）槽绝缘的宽度

图 7.16　电动机绝缘槽的结构形式

（3）嵌线：

① 在定子铁芯前端面顺时针编槽号。

② 嵌线圈组有效边。设 U 相为 1# 线圈组，放入定子铁芯空间，将线圈组同一侧的两有效边嵌入 7，8 槽，将另一侧的两有效边吊起，一次只嵌 3 ~ 5 匝，每嵌入槽一次，均应保证线匝在槽中相互平直、平行紧密放置，不交叉。每嵌完一槽应在折叠绝缘层后，安放好槽楔，线圈端部应整理整齐。

③ 根据展开图 7.15，按嵌线规律嵌线如下：

U 相 1 组	U_1	U_2		
	吊 2	嵌 2		
	1，2	7，8		
V 相 1 组	V_1	U_2	W_1	V_2
	前嵌 2	跳 2	空 2	嵌 2
	5，6	7，8	9，10	11，12
W 相 1 组	W_1	V_2	U_1'	W_2'
	前嵌 2	跳 2	空 2	嵌 2
	9，10	11，12	13，14	15，16

U 相 2 组	U'_1	W'_2	V'_1	U'_2
	前嵌 2	跳 2	空 2	嵌 2
	13，14	15，16	17，18	19，20
V 相 2 组	V'_1	U'_2	W'_1	V'_2
	前嵌 2	跳 2	空 2	嵌 2
	17，18	19，20	21，22	23，24
W 相 2 组	W'_1	V'_2	U_1	W_2
	前嵌 2	跳 2	空 2	嵌 2
	21，22	23，24	1，2	3，4

完成 U 相 1 组所吊两有效边 U1 嵌 2——即嵌 1、2 槽。

综上，还可得任意对极和极对数不同时的单层整距链式绕组的嵌线规律（同心式绕组的嵌线规律完全相同）。

当一对极时：

① 三相各一组绕组。

② 某相（U）开始的一组必须为吊某相（U_1）首端槽及相邻的有效边。有效边由 q 决定。嵌某相（U_2）尾端槽及相邻有效边。

③ 其余两相均按：前嵌、跳、空、嵌。

④ 吊的某相（U_1）首端槽及相邻槽将其最后嵌入，即嵌吊（U_1）。使整个定子绕组嵌线闭合。

当多对极时：

重复一对极中③，②，④执行。

接线：

① 按照展开图，将定子绕组接为一路串联，可接为"Y"或"△"形连接。

② 绘制端部接线图见图 7.17，按照端部接线图接为"Y"或"△"形连接。

③ 接线前应将漆包线穿黄蜡管，接线方法按单股导线连接法，接好以后焊锡。对于三相引出的六个首尾引线，应采用绝缘良好的铜芯线，同样应穿绝缘套管。

（4）整形与绑扎。初整形后再行绑扎，绑扎后再次整形。

（5）浸漆与烘烤。可将嵌线完成后的定子铁芯及绝缘漆加热至 65 ℃左右，再将定子绕组浸漆，浸漆后自然滴干。

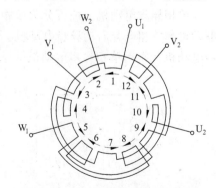

图 7.17　一路四极绕组接线图

采用烘箱或红外灯烘烤。每约 2 h 升高 10 ℃，烘烤的最高温度以绝缘等级决定，E 级烘烤至 120 ℃，时间也应保持约 2 h。烘烤总时间不应低于 12 h。

（6）检查绝缘。绝缘测试与通电试验均参见 7.1 节内容。

7.4 单相异步电动机的检修

【技能目标】

（1）会分析单相异步电动机的故障并能检修；

（2）能叙述单相异步电动机的工作原理，说明其分类、应用、故障分析及检修方法。

【知识要点】

单相异步电动机是用单相交流电源供电的电动机，它具有结构简单、成本低廉、工作可靠和使用维修方便等一系列优点，被广泛地应用于轻工业、电子仪器、医疗、农业、日常生活中的家用电器等各大领域。在我们日常生活中使用的小型机床、水泵、风扇、洗衣机、碾米机等都采用了单相异步电动机，因此在本节中将介绍常用单相异步电动机的原理、结构及维修使用方面的知识。

7.4.1 单相异步电动机的分类、结构特点及用途

1. 单相异步电动机的分类

单相异步电动机一般可分为单相电阻启动异步电动机、单相电容运转异步电动机、单相电容启动异步电动机、单相电容启动和运转电动机、单相罩极异步电动机。常用单相异步电动机的原理图如图 7.18 所示。

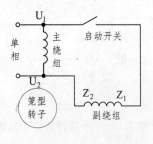

（a）电阻启动

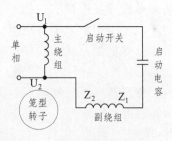

（b）电容启动

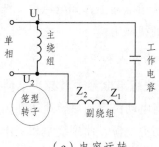

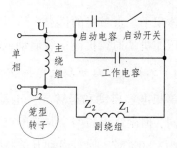

（c）电容运转　　　　　　　　　（d）电容启动和运转

图 7.18　单相异步电动机原理图

2. 常用单相异步电动机的结构特点及用途

1）单相电阻启动异步电动机的结构特点和用途

在电机定子上有主绕组和副绕组，它们的轴线在空间相差 90° 电角度。电阻值较大的副绕组经启动开关与主绕组并联后接于电源上。当电动机转速达到额定转速的 70% ~ 80% 时，通过启动开关将副绕组切离电源，由主绕组单独 工作。

单相电阻启动异步电动机具有中等启动转矩和过载能力，但这类电动机功率较小，一般在 60 ~ 400 W，实用于负荷较小的场合，如电冰箱、面粉机上。线圈阻值随功率变化越大，功率阻值越小。

2）单相电容启动异步电动机的结构特点和用途

单相电容启动异步电动机的定子绕组分布与电阻启动异步电动机相同，但副绕组和一个容量较大的电容串联经启动开关与主绕组并联后接在电源上，当电动机转速达到额定转速的 78% ~ 80% 时，通过启动开关将副绕组切离电源，由主绕组单独工作。

单相电容启动异步电动机具有较高的启动转矩，它的功率为 120 ~ 800 W，绕组的电阻值也随功率变化越大，功率阻值越小，从电机手册中可查找。这类电动机广泛用于磨粉机、水泵、空气压缩机等小机械。

3）单相电容运转异步电动机的结构特点和用途

单相电容运转异步电动机的定子具有主绕组和副绕组，它们的轴线在空间相差 90° 电角度，副绕组串联一只工作电容（该电容的容量比启动电容的容量小得多）与主绕组并联接于电源参与运行。功率范围在 4 ~ 3 500 W。

单相电容运转异步电动机的启动转矩较低，但它有较高的功率因数，而且具有体积小、重量轻的优点，所以广泛用于家用电器上，如电风扇、洗衣机、空调压缩机、通风机等空载启动或轻载启动的机械上。

4）单相电容启动和运转异步电动机的结构特点和用途

单相电容启动和运转异步电动机的定子绕组与电容运转异步电动机的绕组相同，但副绕组与两个并联的电容串联。当电动机启动后转速达到额定转速的 70% ~ 80% 时，通过启动开关将启动电容切离电源，而副绕组和工作电容继续参与运行。工作电容的容量比启动电容的容量小得多。

单相电容启动和运转异步电动机具行较高的启动转矩和过载能力，功率因素和效率都较高，功率一般在 350 ~ 1 500 W，广泛用于水泵、小型机床、小型碾米机等机械上。

7.4.2　单相异步电动机定子绕组

单相异步电动机的定子绕组种类很多，按槽内的导体层数可分为单层绕组、双层绕组及单双层混合绕组。按绕组端部的形状可分为同心式、交叉式和链式。双层绕组又可分为叠绕组和波绕组。按槽内导体的分布规律可分为正弦绕组、非正弦绕组、集中绕组及分布式绕组等。本节主要介绍单相异步电动机较常用的同心式绕组、正弦绕组。这些绕组的异步电动机在我们日常生活中用得最多，如洗衣机电机、风扇电机、压缩机电机、水泵电机、磨粉机电机、碾米机电机等。

1. 同心式绕组

同心式绕组是由几个以磁极中心为轴而跨距不同的线圈串联组成的。因为分相电动机（电阻启动，电容启动）的运行性能主要取决于主绕组，副绕组只起启动作用，不参与长期运行，所以副绕组的匝数一般为主绕组匝数的 1/2 ~ 1/3，副绕组的导线截面积通常约为主绕组的 1/2 ~ 1/5。

图 7.19 为威力洗衣机脱水电机定子绕组接线图，U_1U_2 为主绕组，Z_1Z_2 为副绕组线圈，具体每槽匝数随电功率不同而不同，可在电机参数手册中查出各类电机的匝数和缠绕值。同心式绕组存在着端部较长、耗用导线较多等缺点，但同心式绕组的极相组排列清晰分明，接线不易弄错，线圈的绕制和嵌线都比较简单易做，它的主绕组和副绕组必须分开连接，一般采用显极连接方法（头

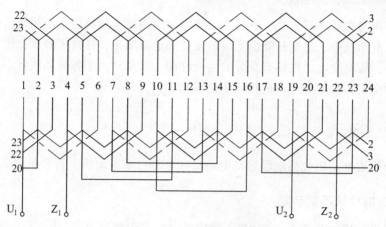

图 7.19　同心式绕组的连接

接头，尾接尾）。两相绕组的线端均应引到电动机的接线盒内，调换启动绕组的端头 Z_1Z_2，即可改变单相异步电动机的旋转方向。

2. 正弦绕组

正弦绕组一般都采用同心式绕组结构。特点是组成每个绕组的各个线圈的匝数不相等，线圈节距越大则匝数越多，线圈节距越小则匝数按正弦规律分布，当同一相电流流过该相，所有匝数不等的同心式分布符合正弦规律，因而使气隙磁通分布接近正弦波形，所以这种结构的绕组称为正弦绕组，如图 7.20 所示。

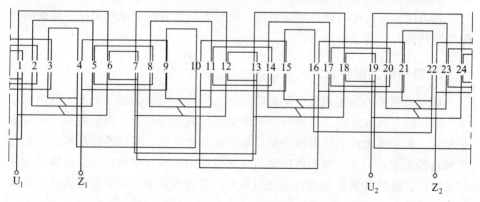

图 7.20　24 槽 4 极正弦绕组展开图

采用正弦绕组后，电动机主绕组和副绕组所占定子槽数接近相等，嵌线时，将主绕组和副绕组的导体按不同数量分布在定子的各槽内，同一槽内嵌有主绕组和副绕组的两个线圈边，主绕组的线圈边放置在槽内的下层，副绕组的线圈边放置在槽内的上层，上、下层之间垫入层间绝缘，与单层绕组相似，广泛用于单相电动机中。优点是降低了杂散损耗和电磁噪声，提高了效率，改善了启动性能，从而使电动机具有良好的运行性能。缺点是由于各线圈匝数不同，使线圈的绕制工艺复杂化。此类绕组用得较多。

7.4.3 分相式电动机的故障分析

分相式电动机包括电阻启动电动机和电容启动电动机，其常见故障如下：

1. 电动机不能启动

如果所接电源无误，电动机不能启动有两方面的原因：一方面是电气故障，另一方面是机械故障。电气方面包括离心开关、各连接触点、电容和绕组，可用万用表逐个进行检查。离心开关可用万用表测量通断来判断好坏，电容也可用万用表来测量好坏，用万用表"$R \times 1 k$"电阻挡来测量，当指针偏转后又回到无穷大时是正常的，如果指针不动或指针回不到无穷大，说明电容开路或短路了，都不能用。在这里应注意，如果电容的容量变小后会影响启动性能，只有更换相同容量的电容。当电机绕组出现故障后也要影响启动性能，绕组常出现的故障有绕组匝间短路、绕组开路。绕组出现短路时，有局部短路或由于电机过热局部绕组绝缘损坏短路，局部短路只有通过电机手册查出绕组参数来判断，全部烧损可通过外观看出，局部短路时，如果在绕组表面，可进行焊接，包扎好再用，在内部时只有重新绕制。机械方面要看转动是否灵活，要查明故障后进行修复，再通电检查。

2. 转速低，运转无力

如果电动机的转速很低且运转时无力，应先用电流表测量电流，若电流过大，则可能有线圈短路。这时可分别测量各线圈组的电阻，阻值特别小时可能是短路，要参照电机绕组参数手册。如果是新修电机，当绕圈嵌反或接反都会出现这种现象。另外，电动机启动后，转速低的同时，电动机还发出振动和强烈的噪声，这时可人为地将启动绕组断开，看是否正常，如果正常则检查并修复离心开关。

3. 电机运转时过热

对于分相电动机（电阻启动或电容启动）启动绕组的设计只考虑作为启动用，选择的电流密度较大，经不起长期通电，若运转时未能将启动绕组切离，很快就会发热，时间长很容易烧毁，这时应检查离心开关是否调整不当或损坏。另外绕组接地、短路，轴承缺油、损坏或负载过重，电源电压过高或过低等都会导致电动机发热。

1. 三相异步电动机有哪些拆卸步骤和注意事项？

2. 简述三相异步电动机装配程序及检查、试验、测试的规范。

3. 归纳总结三相异步电动机定子绕组首尾端判别的方法与规律。判断时怎样更规范、正确、迅速？

4. 交流法有几种，可否包括灯泡法？是何原理？个人会操作几种方法，并简述其过程。

5. 用交、直流法判别三相异步电动机首尾端，用灯泡法判断三相变压器同一侧的同名端。

6. 自述嵌线训练在技术上的成功与失败及其原因。

7. 有一台单相电动机通电后不能运转，但用手顺时针转动轴时，电机顺转，反时针转动轴时，电机反转，分析电机有何故障。

第 8 章 单、三相变压器

8.1 单、三相变压器绕组识别

【技能目标】

（1）学会测变压器变比；

（2）理解变压器绕组的概念；

（3）掌握测定单、三相变压器绕组的极性。

【实训器材】

单相实验变压器 6 V/12 V；万用表；检流计；单极开关 QS；实验台 B 组交流 3 V、6 V；干电池；导线若干。

8.1.1 单相变压器绕组识别

1. 测变比

变压器的变压比 K 是原边电势与副边电势之比，等于原边电压与副边电压之比。它是变压器的一个重要参数。

（1）按图 8.1 接线，将变压器的低压线圈接电源，高压线圈开路。

（2）合上开关 QS，将低压线圈外施电压调至额定电压的 50% 左右，测量低压线圈 U_{ax} 及高压线圈电压 U_{AX}。对应不同的输入电压，共读取三组数据记入表 8.1 中。

图 8.1 测变比实验线路图

表 8.1 线圈电压测量值

序 号	U_{ax} /V	U_{AX} / V	K
1			
2			
3			

2. 测极性

1）检流计法

变压器绕组的极性是指变压器原、副绕组在同一磁通的作用下所产生的感应电势之间的相位关系。

① 按图 8.2 接线。变压器高压线圈的端点 A 接电池正极，X 端接电池负极，低压线圈的 ax 接检流计。

② 接通开关 K，在通电瞬间，注意观察检流计指针的偏转方向，如果检流计的指针正方向偏转，则表示变压器接电池正极的端头和接检流计正极的端头为同极性；如果检流计的指针负方向偏转，则表示变压器接电池正极的端头和接检流计负极的端头为同极性。

2）电压表法

① 图 8.3 是电压表法极性测试接线图，将 X 和 x 点连起来。在它的原绕组上加适当的交流电压，副绕组开路。

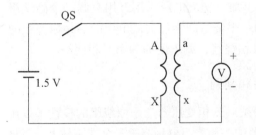
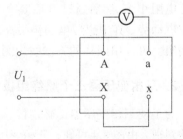

图 8.2 极性测试线路图   图 8.3 电压表法极性测试接线图

② 用电压表分别测出原边电压 U_1、副边电压 U_2 和 A-a 两端电压 U_3。若 $U_3 = U_1 + U_2$，则说明 U_1 和 U_2 同向，X-x 为异名端相接，A 和 a 互为异名端，A 和 x 互为同名端；若 $U_3 = U_1 - U_2$，则说明 U_1 和 U_2 反向，X-x 为同名端相接，A 和 a 互为同名端。采用这种方法，应使电压表的量限大于 $U_1 + U_2$。

将测量数据记入表 8.2 中，并说明结论。

表 8.2　测量数据

序号	U_1/V	U_2/V	U_3/V
1			
2			

实验注意事项：

① 实验前必须熟悉各实验仪器和仪表的使用方法。

② 实验前要搞清楚实验的方法步骤。

③ 通电前，一定要检查实验线路是否正确。

④ 用直流感应法测变压器的极性时，宜将高压线圈接电池，以减少电能的消耗，而将低压绕组接检流计，以减少对检流计的冲击。

⑤ 遇异常情况，应立即断开电源，待处理好故障后，再继续实验。

8.1.2　三相变压器绕组识别

1. 三相变压器每相原、副绕组的判别

三相交压器有两套原、副绕组，为了使三相对称，一般是每相原副绕组套在同一铁芯上。利用此特点，可以用实验方法找出结构封闭、出线凌乱的三相变压器的三相原、副绕组的对应关系。首先，可以用万用表测出同一绕组的两个出线端，再根据 6 个绕组的电阻值大小区别出高压绕组（电阻大）和低压绕组（电阻小），然后通过给某极原绕组加一交流电压，用万用表测三个副绕组感应电动势，其中感应电动势最高的一个绕组即为加突流电压的一相原绕组的副绕组。可以用同样的方法找出第二相绕组，剩下的即为第三相绕组。

2. 三相变压器三个原绕组极性和判别

为了使三相变压器正确连接，必须对三相变压器三个原绕组的极性予以正确的判别。由图 8.4 可知，三相变压器的三相绕组分别绕于三个铁芯柱上，而每相的原、副绕组是绕在同一铁芯柱上的，并且每相的绕法一致。按图 8.4 的绕法，三相变压器三个原边绕组的同名端为 A、B、C，且 A、B、C 定为三相原绕组的相头，X、Y、Z 为三相原绕组的相尾。在 A 相的原绕组 AX 上加一个单相交流电压，则在 BY 和 CZ 上感应出电动势。若把 BY 绕组和 CZ 绕组看成是 AX 的副绕组，从磁通的进出方向来判别，此时的 B 和 C 不是 A 的同名端，而是 A 的异名端，这显然与上述 A、B、C 为同名端的规定矛盾。现仍采用①中判别原、

副绕组极性的方法，用导线把不同的原绕组的相尾 X、Y 短接，并在 AX 绕组上加单相交流电压，测量 AB 端电压，当 $U_{AB} = U_{BX} + U_{BY}$ 即"加极性"时，A、B 即为三相变压器原绕组的同名端，用同样的方法可以测出 C 端。

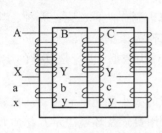

图 8.4　三相变压器

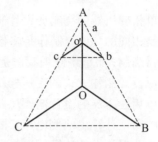

图 8.5　三相变压器原、副绕组判别示意图

3. 考　核

图 8.5 为三相变压器原、副绕组判别示意图，用万用表测绕组电阻值的方法，测出电阻值，完成表 8.3，并判别出实验所用三相变压器的原绕组和副绕组。

表 8.3　三相变压器原、副绕组电阻值

原绕组电阻 / Ω	副绕组电阻 / Ω
$R =$	$R =$

8.2　小型单相变压器的设计制作与重绕

【技能目标】

（1）熟悉小型变压器的设计与计算；

（2）掌握小型变压器的制作工艺；

（3）制作小型电源变压器一台，并对该变压器进行检测；

（4）对小型单相变压器进行重绕修理。

【实训器材】

变压器铁芯；硅钢片；绕组线圈；电缆纸（0.07 mm）；黄蜡布（0.14 mm）；白玻璃纸（0.02 ~ 0.04 mm）；牛皮纸（0.05 ~ 0.07 mm）；青壳纸（0.12 mm）、木芯、漆包线；胶木板或环氧树脂板或塑料板；紫铜箔；三聚氰胺醇酸树脂漆；

500 V·A 的自耦变压器（烘干）；万用表；木锤；钢丝钳；尖嘴钳。

8.2.1　小型单相变压器的设计制作

小型单相变压器的绕制分设计制作和重绕修理制作两种，无论哪种，其绕制工艺都是相同的。设计制作是将使用者的要求作为依据，以满足要求进行设计计算后再绕制；而重绕修理制作是以原物参数作为依据，进行恢复性的绕制。下面先学习设计制作方式的变压器绕制。

小型单相变压器的设计制作思路是：由负载的大小确定其容量；从负载侧所需电压的高低计算出两侧电压；根据用户的使用要求及环境决定其材质和尺寸。经过一系列的设计计算，为制作提供足够的技术数据，即可做出满足需要的小型单相变压器。

1.设计计算

1）计算变压器输出容量 S_2

输出容量的大小受变压器二次侧供给负载量的限制，多个负载则需要多个二次侧绕组，各绕组的电压、电流分别为 U_2、I_2，U_3、I_3，U_4、I_4，…，则 S_2 为

$$S_2 = U_2 I_2 + U_3 I_3 + \cdots \quad (\text{V} \cdot \text{A})$$

2）估算变压器输入容量 S_1 和输入电流 I_1

对小型变压器，考虑负载运行时的功率损耗（铜耗及铁耗）后，其输入容量 S_1 的计算式为

$$S_1 = \frac{S_2}{\eta} \quad (\text{V} \cdot \text{A})$$

式中　η——变压器效率，始终小于 1，1 kV·A 以下的变压器 $\eta = 0.8 \sim 0.9$。

输入电流 I_1 的计算式为

$$I_1 = (1.1 \sim 1.2)\frac{S_1}{U_1} \quad (\text{A})$$

式中　U_1——一次侧电压的有效值，V。

3）变压器铁芯截面积的计算及硅钢片尺寸的选用

（1）截面积的计算。

小型单相变压器的铁芯多采用壳式，铁芯中柱放置绕组。铁芯的几何形状

如图 8.6 所示。它的中柱横截面 A_{Fe} 的大小与变压器输出容量 S_2 的关系为

$$A_{\mathrm{Fe}} = k\sqrt{S_2} \quad (\mathrm{cm}^2)$$

式中 k——经验系数，大小与 S_2 有关，可参考表 8.4。

表 8.4 经验系数 k 参考值

$S_2 / \mathrm{V \cdot A}$	$0 \sim 10$	$10 \sim 50$	$50 \sim 500$	$500 \sim 1\,000$	$1\,000$ 以上
k	2	$1.75 \sim 2$	$1.4 \sim 1.5$	$1.2 \sim 1.4$	1

由图 8.6 可知，铁芯截面积为

$$A_{\mathrm{Fe}} = ab$$

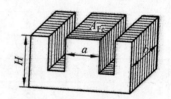

式中 a——铁芯柱宽，cm；

　　 b——铁芯净叠厚，cm。

由 A_{Fe} 计算值并结合实际情况，即可确定 a 和 b 的大小。

图 8.6 变压器铁芯尺寸

考虑到硅钢片间绝缘漆膜及钢片间隙的厚度，实际的铁芯厚度 b' 为

$$b' = \frac{b}{k_0} \quad (\mathrm{cm})$$

式中 k_0——叠片系数，其取值范围参考表 8.5。

表 8.5 叠片系数 k_0 参考值

名　称	硅钢片厚度/mm	绝缘情况	k_0
热轧硅钢片	0.5	两面涂漆	0.93
	0.35		0.91
冷轧硅钢片	0.35	两面涂漆	0.92
	0.35	不涂漆	0.95

（2）硅钢片尺寸的选用。

表 8.6 列出了目前通用的小型变压器硅钢片的规格，可供查询。其中各部分之间的关系如图 8.7 所示。图中 $c = 0.5a$，$h = 1.5a$（当 $a > 64$ mm 时，$h = 2.5a$），$A = 3a$，$H = 2.5a$，$b \leqslant 2a$。

如果计算求得的铁芯尺寸与表 8.5 的标准尺寸不符合，又不便于调整设计，则建议采用非标准铁芯片尺寸，并采用拼条式铁芯结构。

表 8.6　小型变压器通用硅钢片尺寸　　　　　　　　单位：mm

a	c	h	A	H
13	7.5	22	40	34
16	9	24	50	40
19	10.5	30	60	50
22	11	33	66	55
25	12.5	37.5	75	62.5
28	14	42	84	70
32	16	48	96	80
38	19	57	114	95
44	22	66	132	110
50	25	75	150	125
56	28	84	168	140
64	32	96	192	160

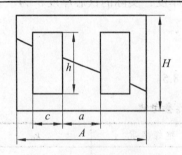

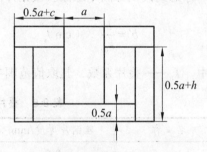

（a）小变压器硅钢片尺寸　　　　　　（b）拼条硅钢片尺寸

图 8.7　变压器硅钢片尺寸

（3）硅钢片材料的选用。

小型变压器通常采用 0.35 mm 厚的硅钢片作为铁芯材料，硅钢片材料规格型号的选取，不仅受材料磁通密度 B_m 的制约，还与铁芯的结构形状有关。

若变压器采用 E 字型铁芯结构，硅钢片材料可选用：

冷轧硅钢片 D_{310}　　　$B_m = 1.2 \sim 1.4$ T；

热轧硅钢片 D_{41}，D_{42}　　　$B_m = 1.0 \sim 1.2$ T；

热轧硅钢片 D_{43}　　　$B_m = 1.1 \sim 1.2$ T。

若变压器采用 C 字型铁芯或拼条式铁芯结构，硅钢片材料只能选用有趋向的冷轧硅钢片。因为这种材料使磁路有了方向性，顺向时磁阻小，并具有较高的磁通密度，磁通密度 B_m 可达 $1.5 \sim 1.6$ T。而垂直方向时磁阻很大，磁通密度很小。

4）计算每个绕组的匝数 N

由变压器感应电势 E 的计算公式

$$E = 4.44 fN\Phi_m = 4.44 fNB_m A_{Fe} \times 10^{-4} \quad （V）$$

得感应产生 1 V 电势的匝数为

$$N_0 = \frac{1}{4.44 fB_m A_{Fe} \times 10^{-4}} = \frac{45}{B_m A_{Fe}} \quad （匝/V）$$

根据所使用的硅钢片材料选取 B_m 值，一般在 B_m 范围值内取下限值。再确定铁芯柱截面积 $A_{Fe} = ab$ 及 N_0，最后根据下式求取各个绕组的匝数。

一次侧绕组的匝数为 　$N_1 = U_1 N_0$（V）
二次侧绕组的匝数为 　$N_2 = 1.05 U_2 N_0$（V）
三次测绕组的匝数为 　$N_3 = 1.05 U_3 N_0$（V）
n 次侧绕组的匝数为 　$N_n = 1.05 U_n N_0$（V）
注意：式中二次侧绕组所增加的 5% 的匝数是为补偿负载时的电压降。

5）计算每个绕组的导线直径并选择导线

由下式得出导线截面积 A_S 为

$$A_S = \frac{I}{j} \quad （mm^2）$$

电流密度一般选取 $j = 2 \sim 3 \text{ A/mm}^2$；但在变压器短时工作时，电流密度可取 $j = 4 \sim 5 \text{ A/mm}^2$。

再由计算出的 A_S 为依据，查表 8.7 选取相同或相近截面的导线直径 ϕ，根据 ϕ 值再查表，得到漆包导线带漆膜后的外径 ϕ'。

表 8.7　常用圆铜漆包线规格

导线直径 ϕ / mm	导线截面积 A_S / mm²	导线最大外径 ϕ' / mm		导线直径 ϕ / mm	导线截面积 A_S / mm²	导线最大外径 ϕ' / mm	
		油性漆包线	其他绝缘漆包线			油性漆包线	其他绝缘漆包线
0.10	0.007 85	0.12	0.13	0.59	0.273	0.64	0.66

续表 8.7

导线直径 ϕ / mm	导线截面积 A_S / mm^2	导线最大外径 ϕ' /mm		导线直径 ϕ / mm	导线截面积 A_S / mm^2	导线最大外径 ϕ' /mm	
		油性漆包线	其他绝缘漆包线			油性漆包线	其他绝缘漆包线
0.11	0.009 50	0.13	0.14	0.62	0.302	0.67	0.69
0.12	0.011 31	0.14	0.15	0.64	0.322	0.69	0.72
0.13	0.013 3	0.15	0.16	0.67	0.353	0.72	0.75
0.14	0.015 4	0.16	0.17	0.69	0.374	0.74	0.77
0.15	0.017 67	0.17	0.19	0.72	0.407	0.78	0.80
0.16	0.020 1	0.18	0.20	0.74	0.430	0.80	0.83
0.17	0.025 5	0.20	0.22	0.80	0.503	0.86	0.89
0.18	0.025 5	0.20	0.22	0.80	0.503	0.86	0.89
0.19	0.028 4	0.21	0.23	0.83	0.541	0.89	0.92
0.20	0.031 40	0.225	0.24	0.86	0.581	0.92	0.95
0.21	0.034 6	0.235	0.25	0.90	0.636	0.96	0.99
0.23	0.041 5	0.255	0.28	0.93	0.679	0.99	1.02
0.25	0.049 1	0.275	0.30	0.96	0.724	1.02	1.05
0.28	0.057 3	0.31	0.32	1.00	0.785	1.07	1.11
0.29	0.066 7	0.33	0.34	1.04	0.849	1.12	1.15
0.31	0.075 5	0.35	0.36	1.08	0.916	1.16	1.19
0.33	0.085 5	0.37	0.38	1.12	0.985	1.20	1.23
0.35	0.096 2	0.39	0.41	1.16	1.057	1.24	1.27
0.38	0.113 4	0.42	0.44	1.20	1.131	1.28	1.31
0.41	0.132 0	0.45	0.47	1.25	1.227	1.33	1.36
0.44	0.152 1	0.49	0.50	1.30	1.327	.38	1.41
0.47	0.173 5	0.52	0.53	1.35	1.431	1.43	1.46
0.49	0.188 6	0.54	0.55	1.40	1.539	1.48	1.51
0.51	0.204	0.56	0.58	1.45	1.651	1.53	1.56
0.53	0.221	0.58	0.60	1.50	1.767	1.58	1.61
0.55	0.238	0.60	0.62	1.56	1.911	1.64	1.67
0.57	0.255	0.62	0.64				

6）核算铁芯窗口的面积

核算所选用的变压器铁芯窗口能否放置得下所设计的绕组。如果放置不下，则应重选导线规格，或者重选铁芯。其核算方法如下：

① 根据铁芯窗高 h（mm），求取每层匝数 N_i 为

$$N_i = \frac{0.9 \times [h - (2 \sim 4)]}{d'} \quad （匝/层）$$

式中，系数 0.9 为考虑绕组框架两端各空出 5% 的地方不绕导线而留的裕度，而（2～4）为考虑绕组框架厚度留出的空间。

② 每个绕组需绕制的层数 m_i 为

$$m_i = \frac{N}{N_i} \quad （层）$$

③ 计算层间绝缘及每个绕组的厚度 δ_1，δ_2，$\delta_3 \cdots$。

通常使用的绝缘厚度尺寸主要有：

• 一、二次侧绕组间绝缘的厚度 δ_0 为绕组框架厚度 1 mm，外包对地绝缘为二层电缆纸（2×0.07 mm）夹一层黄蜡布（0.14 mm），合计厚度 $\delta_0 = 1.28$ mm；

• 绕组间绝缘及对地绝缘的厚度 $r = 0.28$ mm；

• 层间绝缘的厚度 δ'：导线为 $\phi 0.2$ mm 以下的用一层 $0.02 \sim 0.04$ mm 厚的透明纸（白玻璃纸）；导线为 $\phi 0.2$ mm 以上的用一层 $0.05 \sim 0.07$ mm 厚的电缆纸（或牛皮纸），更粗的导线用一层 0.12 mm 的青壳纸。

最后可求出一次侧绕组的总厚度 δ_1 为

$$\delta_1 = m_i(d' + \delta') + r \quad （mm）$$

同理可求出二次侧每个绕组的总厚度 δ_2，δ_3。

④ 全部绕组的总厚度为

$$\delta = (1.1 \sim 1.2)(\delta_0 + \delta_1 + \delta_2 + \delta_3 + \cdots) \quad （mm）$$

式中，系数（1.1～1.2）为考虑绕制工艺因素而留的裕量。

若求得绕组的总厚度 δ 小于窗口宽度 C，则说明说明设计方案可以实施；若 δ 大于 C，则方案不可行，应调整设计。设计计算调整的思路有二：其一是加大铁芯叠厚 b'，使铁芯柱截面积 A_{Fe} 加大，以减少绕组匝数。经验表明，$b' = (1 \sim 2)a$ 为较合适的尺寸配合，故不能任意增大叠厚；其二是重新选取硅钢片尺寸，如加大铁芯柱宽 a，可增大铁芯截面积 A_{Fe}，从而减少匝数。

2. 绕组制作

小型变压器的绕组制作一般按以下步骤进行。

1）木芯与线圈骨架的制作

（1）木芯的制作。

在绕制变压器线圈时，将漆包线绕在预先做好的线圈骨架上。但骨架本身不能直接套在绕线机轴上绕线，它需要一个塞在骨架内腔中的木质芯子，木质芯的正中心要钻有供绕线机轴穿过的 ϕ10 mm 孔，孔不能偏斜，否则由于偏心造成绕组不平稳而影响线包的质量。

木芯的尺寸：截面宽度要比硅钢片的舌宽略大 0.2 mm，截面长度比硅钢片叠厚尺寸略大 0.3 mm，高度比硅钢片窗口约高 2 mm。外表要做得光滑平直。

（2）骨架的制作。

一种是简易骨架，用青壳纸在木质芯上绕 1~2 圈，用胶水黏牢，其高度略低于铁芯窗口高度。骨架干燥以后，木芯在骨架中能插得进、抽得出。最后用硅钢片插试，以硅钢片刚好能插入为宜。绕制时要特别注意线圈绕到两端，在绕制层数较多时容易散塌，造成返工。另一种是积木式骨架，形状如图 8.8 所示，能方便地绕线和增强线包的对地绝缘性能。材料以厚度为 0.5~1.5 mm 厚的胶木板、环氧树脂板、塑料板等绝缘板为宜，骨架的内腔与简易骨架尺寸相同，具体下料如图 8.9 所示。

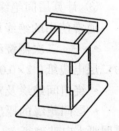

图 8.8　积木式骨架

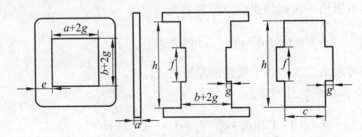

图 8.9　积木式骨架下料图

材料下好，打光切口的毛刺后，在要黏合的边缘，特别是榫头上涂好黏合剂，进行组合，待黏合剂固化后，再用硅钢片在内腔中插试，如尺寸合适，即可使用。

2）线圈的绕制步骤

① 起绕时，在导线引线头上压入一条用青壳纸或牛皮纸片做成的长绝缘折条，待绕几匝后抽紧起始头，如图 8.10（a）所示。

② 绕线时，通常按照一次侧绕组→静电屏蔽→二次侧高压绕组→二次侧低压绕组的顺序，依次叠绕。当二次侧绕组的组数较多时，每绕制一组用万用表检查测量一次。

③ 每绕完一层导线，应安放一层层间绝缘，并处理好中间抽头，导线自左向右排列整齐、紧密，不得有交叉或叠线现象，绕到规定匝数为止。

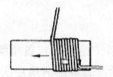　　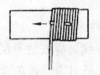

（a）绕组线头的紧固　　　（b）　绕组线尾的紧固

图 8.10　绕组的绕制

④ 当绕组绕至近末端时，先垫入固定出线用的绝缘带折条，待绕至末端时，把线头穿入折条内，然后抽紧末端线头，如图 8.10（b）所示。

⑤ 取下绕组，抽出木芯，包扎绝缘，并用胶水黏牢。

3）绕制工艺要点

（1）对导线和绝缘材料的选用。

导线选用缩醛或聚酯漆包圆铜线。绝缘材料的选用受耐压要求和允许厚度的限制，层间绝缘按两倍层间电压的绝缘强度选用，常采用电话纸、电缆纸、电容器纸等，在要求较高处可采用聚酯薄膜、聚四氟乙烯或玻璃漆布；铁芯绝缘及绕组间绝缘按对地电压的两倍选用，一般采用绝缘纸板、玻璃漆布等，要求较高的则采用层压板或云母制品。

（2）做引出线。

变压器每组线圈都有两个或两个以上的引出线，一般用多股软线、较粗的铜线或用铜皮剪成的焊片制成，将其焊在线圈端头，用绝缘材料包扎好后，从骨架端面预先打好的孔中伸出，以备连接外电路。

对绕组线径在 0.35 mm 以上的都可用本线直接引出的方法，如图 8.11 所示；线径在 0.35 mm 以下的，要用多股软线作引出线，也可用薄铜皮做成的焊片作引出线头。引出线的连接方法如图 8.12 所示。

4）绕线的方法

对无框骨架的，导线起绕点不可紧靠骨架边缘；对有边框的，导线一定要紧靠边框板。绕线时，绕线机的转速应与掌握导线的那只手左右摆动的速度相配合，并将导线稍微拉向绕组前进的相反方向约 5°，以便将导线排紧。

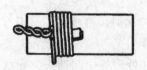 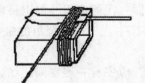 

图 8.11　利用本线作引出线　　　　图 8.12　引出线的连接

5）层间绝缘的安放

每绕完一层导线，应安放一层绝缘材料（绝缘纸或黄蜡绸等）。注意安放绝缘纸必须从骨架所对应的铁芯舌宽面开始。若绕组所绕层次很多，还应在两个舌宽面分别均匀安放，这样可以控制线包厚度，少占铁芯窗口位置。绝缘纸必须放平、放正和拉紧，两边正好与骨架端面内侧对齐，围绕线包一周，允许起始处有少量重叠。

6）静电屏蔽层（静电隔离层）的安放

在绕完一次侧线圈、安放好绝缘层后，还要加一层金属材料的静电屏蔽层，以减弱外来电磁场对电路的干扰。

静电屏蔽层的材料最好用紫铜箔，其宽度比骨架宽度小 1~3 mm。长度应是围绕骨架一周但短 10 mm 左右，在对应铁芯的舌宽面焊上引出线作接地极。注意：绝不能让屏蔽层首尾相接，否则将形成短路，变压器通电后发热，以致烧毁绝缘。

若没有现成的铜箔，也可用较粗的导线在应安放静电屏蔽层的位置排绕一层，一端开路，一端接地，同样能起到屏蔽外界电磁场的作用。

7）绕组的中间抽头

① 在线圈抽头处刮去一小段绝缘漆，焊上引出线并包上绝缘即可。

② 也可在线圈抽头处不刮绝缘漆，而是将导线拖长，两股绞在一起作为引出线，并套上绝缘套管即可。

③ 对于较粗的漆包线，若将漆包线绞在一起，势必使线包中间隆起，影响绕线和线包的平整。可将导线平行对折成两股作为引出线。

8）绕组的中心抽头

线圈的中心抽头，是将一个线圈绕组分成两个完全对称的绕组。若用单股线绕制，绕在内层的线圈漆包线的长度比绕在外层漆包线的长度要短，会引起两部分线圈直流电阻不等。采用双股并绕，绕制方法与单股线绕制相同，绕完后将两并绕中的一个线圈的头和另一线圈的尾并接，再引出作中心抽头。

192

9）绕组的初步检查

绕组制作完成后，要进行初步检查：

① 用量具测量绕组各部分尺寸，与设计是否相符，以保证铁芯的装配。

② 用电桥测量绕组的直流电阻，以保证负载用电的需要。

③ 用眼睛观察绕组的各部分引线及绝缘完好与否，以保证可靠使用。

3. 绝缘处理

变压器绕组绕制完成后，为了提高绕组的绝缘强度、耐潮性、耐热性及导热能力，必须对绕组进行浸漆处理。

1）绝缘处理用漆

绕组绝缘处理所用的漆，一般采用三聚氰胺醇酸树脂漆。

2）绝缘处理所用工艺

变压器绝缘处理工艺与电机的基本相同。所不同的是变压器绕组可采用简易绝缘处理方法，即"涂刷法"：在绕制过程中，每绕完一层导线，就涂刷一层绝缘漆，然后垫上层间绝缘继续绕线，绕完后通电烘干即可。

3）绝缘处理的步骤

变压器绝缘处理的步骤也与电机的步骤一样，为预烘→浸漆→烘干。对小型变压器绕组通电烘干可采用一种简易办法：用一台 500 V·A 的自耦变压器作电源，将该绕组与自耦变压器二次侧相接，并将一次侧绕组短接，逐步升高自耦变压器二次侧电压，用钳形电流表监视电流值，使电流达到待烘干变压器高压绕组额定电流的 2～3 倍，半小时后绕组将发热烫手，持续通电约 10 h，即可烘干层间涂刷的绝缘漆。

4. 铁芯的装配

1）铁芯装配的要求

① 要装得紧。不仅可防止铁芯从骨架中脱出，还能保证有足够的有效截面和避免绕组通电后因铁芯松动而产生杂音。

② 装配铁芯时不得划破或胀破骨架，误伤导线，造成绕组的断路或短路。

③ 铁芯磁路中不应有气隙，各片开口处要衔接紧密，以减小铁芯的磁阻。

④ 要注意装配平整，美观。

注意：装配铁芯前，应先进行硅钢片的检查和选择。

2）硅钢片的检查及挑选

① 检查硅钢片是否平整，冲压时是否留下毛刺。不平整将影响装配质量，毛刺容易损坏片间绝缘，导致铁芯涡流增大。

② 检查表面是否锈蚀。锈蚀后的斑块会增加硅钢片的厚度，减小铁芯有效截面。同时又容易吸潮，从而降低变压器绝缘性能。

③ 检查硅钢片表面绝缘是否良好。如有剥落，应重新涂刷绝缘漆。

④ 检查硅钢片的含硅量是否满足要求。铁芯的导磁性能主要取决于硅钢片的含硅量，含硅量高的其导磁性能好，反之，导磁性能差，会造成变压器的铁耗增大。但含硅量也不能太高，因为含硅量过高的硅钢片容易碎裂，机械性能差。因此，一般要求硅钢片的含硅量在 3% ~ 4%。

检查硅钢片的含硅量，可用简单的折弯方法进行检查，用钳子夹住硅钢片的一角将其弯成直角时即能折断，表明含硅量在 4% 以上；弯成直角又恢复到原位才折断的，表明含硅量接近 4%；如反复弯三、四次才能折断的，含硅量约 3%；当含硅量在 2% 以下时，硅钢片就很软了，难于折断。

3）铁芯的插片

小型变压器的铁芯装配通常用交叉插片法，如图 8.13 所示。先在线圈骨架左侧插入 E 型硅钢片，根据情况可插 1 ~ 4 片，接着在骨架右侧也插入相应的片数，这样左右两侧交替对插，直到插满。最后将 I 型硅钢片（横条）按铁芯剩余空隙厚度叠好插进去即可。插片的关键是插紧，最后几片不容易插进，这时可将已插进的硅钢片中容易分开的两片间撬开一条缝隙，嵌入 1 ~ 2 片硅钢片，用木锤慢慢敲进去。同时在另一侧与此相对应的缝隙中加入片数相同的横条。嵌完铁芯后在铁芯螺孔中穿入螺栓固定即可。也可将铁皮剪成一定的形状，包套在铁芯外边，用于固定，如图 8.14 所示。

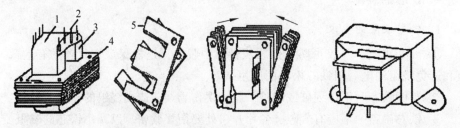

1—线包；2—引出线；3—绝缘衬片；4、5—E 型硅钢片

图 8.13 交叉插片法　　　　图 8.14 夹包变压器的铁芯

4）抢片与错位现象

（1）抢片现象。

"抢片"是在双面插片时一层的硅钢片插入另一层中间，如图 8.15 所示。如出现抢片未及时发现，继续敲打，势必将硅钢片敲坏。因此一旦发生抢片，应立即停止敲打。将抢片的硅钢片取出，整理平直后重新插片。不然这一侧硅钢片敲不进去，另一侧的横条也插不进来。

（2）错位现象。

硅钢片错位，如图 8.16 所示。产生原因是在安放铁芯时，硅钢片的舌片没与线圈骨架空腔对准。这时舌片抵在骨架上，敲打时往往给制作者一个铁芯已插紧的错觉，这时如果强行将这块硅钢片敲进去，必然会损坏骨架和割断导线。

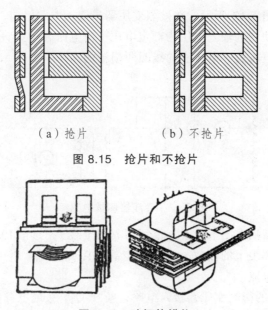

（a）抢片　　　　　（b）不抢片

图 8.15　抢片和不抢片

图 8.16　硅钢片错位

5. 调整测试

由于小型单相变压器比较简单，制成之后一般只进行外表调整整理和空载测试。

1）调　整

在不通电的情况下，观察外表，看铁芯是否紧密、整齐，有无松动等，绕组和绝缘层有无异常。并及时进行调整处理。

空载通电后，有无异常噪声，对铁芯不紧，铁片不够所造成的噪声要进行夹紧整理。

2）测　试

（1）测量绝缘电阻。

用兆欧表测量各绕组对地，各绕组间的绝缘电阻应不低于 50 MΩ。

（2）测量额定电压。

在一次侧加额定电压，测量二次侧各个绕组的开路电压，该开路电压就是二次侧的额定电压，再与设计值相比，是否在允许范围内。二次侧高压绕组允许误差 $\Delta U \leqslant \pm 5\%$，二次侧低压绕组允许误差 $\Delta U \leqslant \pm 5\%$；中心抽头电压允许误差 $\Delta U \leqslant \pm 2\%$。

（3）测空载损耗功率 $P_{\circ}$。

测试电路如图 8.17 所示。在被测变压器未接入电路之前，合上开关 Q_1，调节调压器 T，使它的输入电压为额定电压（由电压表 PV_1 示出），此时在功率表上的读数为电压表、电流表的线圈所损耗的功率 P_1。

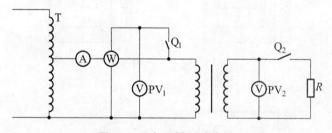

图 8.17　变压器测试电路

将被测变压器接在图示位置，重新调节调压器 T，直至 PV_1 读数为额定输入电压，这时功率表上的读数为 P_2，则空载损耗功率 $P_{\circ} = P_2 - P_1$。

（4）测空载电流。

将图 8.17 中的待测变压器接入电路，断开 Q_2，接通电源使其空载运行，当 PV_1 示数为额定电压时，交流电流表 A 的读数即为空载电流。一般变压器的空载电流为满载电流的 10%～15%。若空载电流偏大，变压器损耗也将增大，温升增高。

（5）测实际输出电压。

按照图 8.17 所示，将待测变压器接入，合上 Q_2，使其带上额定负载 R，当 PV_1 示数为额定电压时，PV_2 的读数即为该变压器的实际输出电压。将所测的实际输出电压值与前面所测的额定电压值比较，对于电子电器用的小型电源变压器，二者的误差要求是：高电压 ±3%；灯丝电压和其他线圈电压 ±5%；

有中心抽头的线圈，不对称度应小于 2%。

（6）检测温升。

按图 8.17 加上额定负载，通电数小时后，温升不得超过 40 ~ 50 ℃。变压器温升可用下述方法测试：先用万用表（或电桥）测出一次侧绕组的冷态直流电阻 R_1（因一次侧绕组常绕在变压器线包内层，不易散热，温升高，以它为测试对象比较适宜）。然后加上额定负载，接通电源，通电数小时后，切断电源，再测一次侧热态直流电阻 R_2，这样连续测几次，在几次热态直流电阻值近似相等时，可认为所测温度是终端温度，用下列经验公式可求出温升 ΔT：

$$\Delta T = \frac{R_2 - R_1}{3.9 \times 10^{-3} R_1}$$

8.2.2 小型单相变压器的重绕修理

小型单相变压器如发生绕组烧毁、绝缘老化、引出线断裂、匝间短路或绕组对铁芯短路等故障均需进行重绕修理。其重绕修理工艺与设计制作工艺大致相同，不同点主要有原始数据记录和铁芯拆卸。

1. 记录原始数据

在拆卸铁芯前及拆卸过程中，必须记录下列原始数据，作为制作木质芯子及骨架、选用线规、绕制绕组和铁芯装配等的依据。

（1）记录铭牌数据。

① 型号；② 容量；③ 相数；④ 一、二次侧电压；⑤ 连接组；⑥ 绝缘等级。

（2）记录绕组数据。

① 导线型号、规格；② 绕组匝数；③ 绕组尺寸；④ 绕组引出线规格及长度；⑤ 绕组重量。

测量绕组数据的方法：测量绕组尺寸；测量绕组层数、每层匝数及总匝数；测量导线直径，烧去漆层，用棉纱擦净，对同一根导线应在不同的位置测量三次取平均值。

在重绕修理中，仍然要进行重绕匝数核算，是为了防止由于线径较小、匝数较多的绕组，在数匝数时弄错，使修理后的变压器的变比达不到原要求。

（3）重绕匝数的核算。

① 测取原铁芯截面。先实测原铁芯叠厚及铁柱宽度，再考虑硅钢片绝缘层和片间间隙的叠压系数，对小型变压器一般取 0.9。

② 获取原铁芯的磁通密度 B_m。

③ 重绕匝数的核算。

后两项完全与变压器设计制作时的参数计算相同，查阅前面即可。

（4）记录铁芯数据。

① 铁芯尺寸；② 硅钢片厚度及片数；③ 铁芯叠压顺序和方法。

2. 铁芯拆卸

拆卸铁芯前，应先拆除外壳、接线柱和铁芯夹板等附件。不同的铁芯形状有不同的拆卸方法，但第一步是相同的：用螺丝刀把浸漆后黏合在一起的硅钢片插松。

（1）E字型硅钢片的拆卸。

① 用螺丝刀先插松并拆卸两端横条（轭）。

② 再用螺丝刀顶住中柱硅钢片的舌端，然后用小锤轻轻敲击，使舌片后退，待退出 3~4 mm 后，即可用钢丝钳钳住中柱部位抽出 E 字型片。当抽出 5~6 片后，即可用钢丝钳或手逐片抽出。

（2）C字型硅钢片的拆卸。

① 拆除夹紧箍后，把一端横头夹住在台钳上，用小锤左右轻敲另一横头，使整个铁芯松动，注意保持骨架和铁芯接口平面的完好。

② 注意抽出硅钢片。

（3）Π字型硅钢片的拆卸

① 把一端横头夹紧在台钳上，用小锤左右轻敲另一横头，使整个铁芯松动。

② 用钢丝钳钳住另一端横头，并向外抽拉硅钢片，即可拆除。

（4）日字型硅钢片的拆卸。

① 先插松第一、二片硅钢片，把铁轭开口一端掀起至绕组骨架上边。

② 用螺丝刀插松中柱硅钢片，并顶舌端后退几毫米，再用钢丝钳抽出。当抽出十余片后，即可用钢丝钳或手逐片抽出。

3. 实训记录

（1）按图 8.18 所示设计电源变压器：计算出铁芯规格和线圈数据，将铁芯规格和线圈匝数、线径记入表 8.8。

（2）制作木质芯子和线圈骨架，将尺寸记入表 8.8。

（3）绕制初级线圈，将各组线圈层数记入表 8.8。

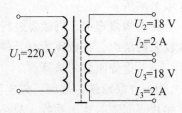

图 8.18　稳压电源变压器

表 8.8　变压器绕线训练记录

铁　芯			木质芯尺寸			线圈骨架				
型号	舌宽	叠厚	长叠厚	宽舌宽	高窗口高	材料		尺寸		
						材质	厚度	长	宽	高
线圈数据										
一次侧			二次侧 I			二次侧 II			二次侧 III		
线径	层数	匝数	线径	层数	匝数	线径	层数	匝数	线径	层数	匝数

（4）对绕制完工的变压器进行初步检测，将检测结果记入表 8.9。

表 8.9　变压器测试训练记录

直流电阻				绝缘电阻			电压值				空载电流			
一次	二次 I	二次 II	二次 III	一次与二次间	一次与地间	二次 I 二次 II 间	二次	二次 I	二次 II	二次 III	二次	二次 I	二次 II	二次 III

额定负载电流				空载损耗功率	温升			
一次	二次 I	二次 II	二次 III	$P_o = P_2 - P_1$	通电时间	起始温度	终止温度	$\Delta T = \dfrac{R_2 - R_1}{3.9 \times 10^{-3} R_1}$

（5）对初步检测合格的变压器进行浸漆和烘烤，将各个工序所用时间和温度记入表 8.10。

表 8.10　变压器浸漆烘烤训练记录

预　烘		浸绝缘漆		第一阶段烘烤		第二阶段烘烤		复查绝缘电阻		
温度	时间	型号	时间	温度	时间	温度	时间	一次与二次间	一次与地间	二次与地间

思考题

1. 变压器是交流器件，为何还要判别极性？
2. 单相变压器输入端和输出端电压关系如何？画出其相量图。
3. 怎样解决抢片与错位问题？

第 9 章　用电常识

9.1　安全用电常识

【技能目标】
（1）了解电流对人体伤害的种类；
（2）掌握防止触电的技术措施；
（3）了解触电后的救援措施。

9.1.1　电流对人体的伤害

触电是指人体的不同部位同时接触到不同电位时，人体内通过电流而构成电路的一部分的状况。触电能否对人体产生伤害及伤害程度如何，取决于人体电阻的大小、施于人体电压的高低、电流通过人体的时间和途径。

常见的有单相触电、两相触电、跨步电压触电和接触电压触电 4 种。单相触电指人站在地面或接地体上，人体触及供电系统中的一相带电体。对于 380 V/220 V 系统，如果其中性点接地，则加于人体的电压约为 220 V。两相触电指人体两个部位同时与两相带电体相接触。对于 380 V/220 V 系统，加于人体的电压为 380 V。跨步电压触电是指接地短路电流向大地流散时，人的两脚跨步间（按 0.8 m 计）承受电压下的触电。接触电压触电则是指接地短路电流向大地扩散时，人站在地面上，手触及设备时，在手与脚间承受电压下的触电。接触电压的大小通常按人站在距设备水平距离 0.8 m 的地面上，手触及设备处离地面垂直距离为 1.8 m 所受到的电压来计算。

电流对人体的伤害有 3 种：电击、电伤和电磁场伤害。

电击是指电流通过人体，破坏人体心脏、肺及神经系统的正常功能。人体受到一定电压后，体内电阻迅速减小，电流剧增，当电流达到 20～50 mA 时，人体即发生痉挛而不能脱开电源，造成呼吸困难，以致最后死亡。

电伤是指电流的热效应、化学效用和机械效应对人体的伤害，主要是指电弧烧伤、熔化金属溅出烫伤等。

电磁场生理伤害是指在高频磁场的作用下,人会出现头晕、乏力、记忆力减退、失眠、多梦等神经系统的症状。

一般认为:电流通过人体的心脏、肺部和中枢神经系统的危险性比较大,特别是电流通过心脏时,危险性最大。所以从手到脚的电流途径最为危险。

触电还容易因剧烈痉挛而摔倒,导致电流通过全身并造成摔伤、坠落等二次事故。

9.1.2 防止触电的技术措施

1. 绝缘、屏护和间距

绝缘、屏护和间距是最为常见的安全措施

(1)绝缘:它是防止人体触及绝缘物把带电体封闭起来。瓷、玻璃、云母、橡胶、木材、胶木、塑料、布、纸和矿物油等都是常用的绝缘材料。

应当注意:很多绝缘材料受潮后会丧失绝缘性能或在强电场作用下会遭到破坏,丧失绝缘性能。为避免此现象,往往要加强绝缘,即采用双重绝缘或另加总体绝缘,保护绝缘体以防止通常绝缘损坏后的触电。

(2)屏护:采用遮拦、护照、护盖箱闸等把带电体同外界隔绝开来。

电器开关的可动部分一般不能使用绝缘,而需要屏护。高压设备不论是否有绝缘,均应采取屏护。

(3)间距:就是保证必要的安全距离。间距除了防止触及或过分接近带电体外,还能起到防止火灾、防止混线、方便操作的作用。在低压工作中,最小检修距离不应小于 0.1 m。

2. 接地和接零

(1)接地。

接地是指与大地的直接连接,电气装置或电气线路带电部分的某点与大地连接、电气装置或其他装置正常时不带电部分某点与大地的人为连接都叫接地。

(2)保护接地。

为了防止电气设备外露的不带电导体意外带电造成危险,将该电气设备经保护接地线与深埋在地下的接地体紧密连接起来的做法叫保护接地。

由于绝缘破坏或其他原因而可能呈现危险电压的金属部分,都应采取保护接地措施。如电机、变压器、开关设备、照明器具及其他电气设备的金属外壳都应予以接地。一般低压系统中,保护接电电阻值应小于 4 Ω。

（3）保护接零。

保护接零就是把电气设备在正常情况下不带电的金属部分与电网的零线紧密地连接起来。应当注意的是，在三相四线制的电力系统中，通常是把电气设备的金属外壳同时接地、接零，这就是所谓的重复接地保护措施，但还应该注意，零线回路中不允许装设熔断器和开关。

3. 装设漏电保护装置

为了保证在故障情况下人身和设备的安全，应尽量装设漏电流动作保护器。它可以在设备及线路漏电时通过保护装置的检测机构转换取得异常信号，经中间机构转换和传递，然后促使执行机构动作，自动切断电源，起到保护作用。

4. 采用安全电压

这是用于小型电气设备或小容量电气线路的安全措施。根据欧姆定律，电压越大，电流也就越大。因此，可以把可能加在人身上的电压限制在某一范围内，使得在这种电压下，通过人体的电流不超过允许范围，该电压就叫做安全电压。其定义为：安全电压为不使人直接致死或致残的电压。国家标准 B3805—1983《安全电压》规定的安全电压等级如表 9.1 所示。

表 9.1　安全电压等级

安全电压（交流有效值）/V		选用举例
额定值	空载上限值	
42	50	在有触电危险的场所使用的手持式电动工具等
36	43	在矿井、多导电粉尘等场所使用的行灯等
24	29	可供某些具有人体可能偶然触及的带电体设备选用
12	15	
6	8	

凡手提照明灯、高度不足 2.5 m 的一般照明灯，如果没有特殊安全结构或安全措施，应采用 42 V 或 36 V 安全电压。

凡金属容器内、隧道内、矿井内等工作地点狭窄、行动不便，以及周围有大面积接地导体的环境，使用手提照明灯时应采用 12 V 安全电压。

5. 静电、雷电、电磁危害的防护措施

1）静电的防护

生产工艺过程中的静电可以造成多种危害。在挤压、切割、搅拌、喷溅、流体流动、感应、摩擦等作业时都会产生危险的静电，由于静电电压很高，又易发生静电火花，所以特别容易在易燃易爆场所中引起火灾和爆炸。

静电防护一般采用静电接地，增加空气的湿度，在物料内加入抗静电剂，使用静电中和器和工艺上采用导电性能较好的材料，降低摩擦、流速、惰性气体保护等方法来消除或减少静电产生。

2）雷电的防护

雷电危害的防护一般采用避雷针、避雷器、避雷网、避雷线等装置将雷电直接导入大地。避雷针主要用来保护露天变配电设备、建筑物和构筑物；避雷线主要用来保护电力线路；避雷网和避雷带主要用来保护建筑物；避雷器主要用来保护电力设备。

3）电磁危害的防护

电磁危害的防护一般采用电磁屏蔽装置。高频电磁屏蔽装置可由铜、铝或钢制成。金属或金属网可有效地消除电磁场的能量，因此可以用屏蔽室、屏蔽服等方式来防护。屏蔽装置应有良好的接地装置，以提高屏蔽效果。

防止触电的注意事项。

① 不得随便乱动或私自修理车间内的电气设备。

② 经常接触和使用的配电箱、配电板、闸刀开关、按钮开头、插座、插销以及导线等，必须保持完好，不得有破损或将带电部分裸露。

③ 不得用铜丝等代替保险丝，并保持闸刀开关、磁力开关等盖面完整，以防短路时发生电弧或保险丝熔断飞溅伤人。

④ 经常检查电气设备的保护接地、接零装置，保证连接牢固。

⑤ 在移动电风扇、照明灯、电焊机等电气设备时，必须先切断电源，并保护好导线，以免磨损或拉断。

⑥ 在使用手电钻、电砂轮等手持电动工具时，必须安装漏电保护器，工具外壳要进行防护性接地或接零，并要防止移动工具时，导线被拉断，操作时应戴好绝缘手套并站在绝缘板上。

⑦ 在雷雨天，不要走进高压电杆、铁塔、避雷针的接地导线周围20米内。当遇到高压线断落时，周围10米之内，禁止人员进入；若已经在10米范围之内，应单足或并足跳出危险区。

⑧ 对设备进行维修时，一定要切断电源，并在明显处放置"禁止合闸，有人工作"的警示牌。

⑨ 从事电气工作的人员为特种作业人员，必须经过专门的安全技术培训和考核，经考试合格取得安全生产综合管理部门核发的《特种作业操作证》后，才能独立作业。电工作业人员要遵守电工作业安全操作规程，坚持维护检修制度，特别是高压检修工作的安全，必须坚持工作票、工作监护等工作制度。

9.1.3　电气火灾的防止

电器、照明设备、手持电动工具以及通常采用单相电源供电的小型电器，有时会引起火灾，其原因通常是电气设备选用不当或由于线路年久失修、绝缘老化造成短路，或由于用电量增加、线路超负荷运行，维修不善导致接头松动、电器积尘、受潮，热源接近电器，电器接近易燃物和通风散热失效等。

电气火灾的防护措施主要是合理选用电气装置。例如，在干燥少尘的环境中，可采用开启式和封闭式；在潮湿和多尘的环境中，应采用封闭式；在易燃易爆的危险环境中，必须采用防爆式。

防止电气火灾，还要注意线路电器负荷不能过高，电气设备安装位置距离易燃可燃物不能太近，电气设备进行是否异常，注意防潮等。

9.2　触电后的救援措施

9.2.1　脱离电源

触电急救，首先要使触电者迅速脱离电源，越快越好。因为电流作用的时间越长，伤害越重。脱离电源就是要把触电者接触的那一部分带电设备的开关、刀闸或其他断路设备断开；或设法将触电者与带电设备脱离。在脱离电源时，救护人员既要救人，也要注意保护自己。触电者未脱离电源前，救护人员不准直接用手触伤员，因为有触电的危险；如触电者处于高处，解脱电源后会自高处坠落，因此，要采取预防措施。

对各种触电场合，脱离电源采取如下措施。

1. 低压设备上的触电

触电者触及低压带电设备，救护人员应设法迅速切断电源，如拉开电源开关或刀闸、拔除电源插头等，或使用绝缘工具，如干燥的木棒、木板、绳索等不导电的东西解脱触电者；也可抓住触电者干燥而不贴身的衣服，将其拖开，切记要避免碰到金属物体和触电者的裸露身躯；也可戴绝缘手套或将手用干燥衣物等包起绝缘后解脱触电者；救护人员也可站在绝缘垫或干木板上，绝缘自己进行救护。为使触电者与导电体解脱，最好用一只手进行。如果电流通过触电者入地，并且触电者紧握电线，可设法用干木板塞到其身下，与地隔离，也可用干木把斧子或有绝缘柄的钳子等将电线剪断。剪断电线要分相，一根一根地剪断，并尽可能站在绝缘物体或干木板上进行。

2. 高压设备上的触电

触电者触及高压带电设备，救护人员应迅速切断电源，或用适合该电压等级的绝缘工具（戴绝缘手套、穿绝缘靴并用绝缘棒）解脱触电者。救护人员在抢救过程中应注意保持自身与周围带电部分必要的安全距离。

3. 架空线路上的触电

对触电发生在架空线杆塔上，如系低压带电线路，能立即切断线路电源的，应迅速切断电源，或者由救护人员迅速登杆，束好自己的安全皮带后，用带绝缘胶柄的钢丝钳、干燥的不导电物体或绝缘物体将触电者拉离电源；如系高压带电线路，又不可能迅速切断开关的，可采用抛挂足够截面的适当长度的金属短路线方法，使电源开关跳闸。抛挂前，将短路线一端固定在铁塔或接地引下线上，另一端系重物，但抛掷短路线时，应注意防止电弧伤人或断线危及人身安全。不论是何线电压线路上触电，救护人员在使触电者脱离电源时都要注意防止发生高处坠落的可能和再次触及其他有电线路的可能。

4. 断落在地的高压导线上的触电

如果触电者触及断落在地上的带电高压导线，如尚未确证线路无电，救护人员在未做好安全措施（如穿绝缘靴或临时双脚并紧跳跃地接近触电者）前，不能接近断线点至 8～10 m 范围内，以防止跨步电压伤人。触电者脱离带电导线后亦应迅速带至 8～10 m 以外，并立即开始触电急救。只有在确定线路已经无电时，才可在触电者离开触电导线后，立即就地进行急救。

9.2.2　就地抢救

当伤员脱离电源后，应立即检查伤员全身情况，特别是呼吸和心跳，发现呼吸、心跳停止时，应立即就地抢救，同时拨打 120 求救。

（1）轻症：神志清醒，呼吸心跳均自主者，伤员就地平卧，严密观察，暂时不要站立或走动，防止继发休克或心衰。

（2）呼吸停止，心搏存在者，就地平卧解松衣扣，通畅气道，立即口对口人工呼吸，其做法是：

① 首先进行使其胸部能自由扩张的操作，如解开触电者的衣服、裤带、松紧身衣、胸罩和围巾等。

② 使触电者仰卧，不垫枕头，使头先侧向一边，清除其口腔内的血块、假牙及其他异物。如果其舌根下陷，应拉出舌头，使气道通畅。如果触电者牙关紧闭，救护人以双手托住其下颌骨的后角处，大拇指放在下颌骨边缘，用于将下颌骨慢慢向前推移。使下牙移到上牙之前；也可用开口钳、小木片、金属片等，小心地从口角伸入牙缝撬开牙齿，清除口内异物。然后将其头部扳正，使之尽量后仰，鼻孔朝天，使气道畅通。

③ 救护人位于触电者一侧，用一只手捏紧其鼻孔，不使漏气；用另一只手将其下颚拉向前下方，使其嘴巴张开。可在其嘴上盖一层纱布，救护人做深呼吸后，紧贴触电者嘴巴，向他大口吹气，如图 9.1 所示。

④ 救护人吹气完毕后换气时，应立即离开触电者的嘴巴（或鼻孔），并放松紧捏的鼻（或嘴），让其自由排气，如图 9.2 所示。

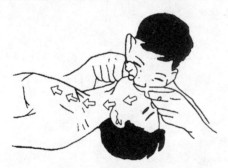

图 9.1　人工呼吸法 1

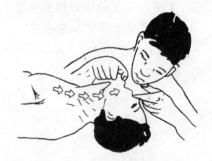

图 9.2　人工呼吸法 2

有条件的可在气管插管，加压氧气人工呼吸。亦可针刺人中、十宣、涌泉等穴，或给予呼吸兴奋剂（如山梗菜碱、咖啡因、尼可刹米）。

（3）心搏停止，呼吸存在者，应立即作胸外心脏按压。

（4）呼吸心跳均停止者，则应在人工呼吸的同时施行胸外心脏按压，以建立呼吸和循环，恢复全身器官的氧供应。现场抢救最好能两人分别施行口对口人工呼吸及胸外心脏按压，以 1：5 的比例进行，即人工呼吸 1 次，心脏按压 5 次。如现场抢救仅有 1 人，用 15：2 的比例进行胸外心脏按压和人工呼吸，即先作胸外心脏按压 15 次，再口对口人工呼吸 2 次，如此交替进行，抢救一定要坚持到底。

（5）处理电击伤时，应注意有无其他损伤。如触电后弹离电源或自高空跌下，常并发颅脑外伤、血气胸、内脏破裂、四肢和骨盆骨折等。如有外伤、灼伤均需同时处理。

（6）现场抢救中，不要随意移动伤员，若确需移动时，抢救中断时间不应超过 30 秒。移动伤员或将其送医院，除应使伤员平躺在担架上并在背部垫以平硬阔木板外，应继续抢救，心跳呼吸停止者要继续人工呼吸和胸外心脏按压，在医院医务人员未接替前救治不能中止。

不要轻易放弃抢救。触电者呼吸心跳停止后恢复较慢，有的长达 4 小时以上，因此抢救时要有耐心。

思考题

1. 为什么电流会对人体造成伤害？
2. 常用的防止触电的技术措施有哪些？
3. 触电急救有哪些注意事项？

参 考 文 献

[1] 王廷才，赵德申. 电子技术实训[M]. 北京：高等教育出版社，2003.

[2] 杜德昌. 电工基本技能操作技能训练[M]. 4 版. 北京：高等教育出版社，2002.

[3] 李敬梅. 电力拖动控制线路与技能训练[M]. 3 版. 北京：中国劳动社会保障出版社，2002.

[4] 陈尔绍. 实用节能电路制作 200 例[M]. 北京：人民邮电出版社，1996.